RECHERCHES

SUR LES

PHÉNOMÈNES

MÉTÉOROLOGIQUES

DE LA LORRAINE

Par OLRY

INSTITUTEUR

Officier de l'instruction publique.

(Extrait du *Bulletin de la Société de géographie de l'Est.*)

NANCY

IMPRIMERIE BERGER-LEVRAULT ET Cie

11, rue Jean-Lamour, 11

1885

RECHERCHES

SUR LES

PHÉNOMÈNES

MÉTÉOROLOGIQUES

DE LA LORRAINE

Par OLRY

INSTITUTEUR

Officier de l'instruction publique.

(Extrait du *Bulletin de la Société de géographie de l'Est.*)

NANCY

BERGER-LEVRAULT & Cⁱᵉ, LIBRAIRES-ÉDITEURS

11, RUE JEAN-LAMOUR, 11

MAISON A PARIS, 5, RUE DES BEAUX-ARTS

1885

RECHERCHES

SUR LES

PHÉNOMÈNES MÉTÉOROLOGIQUES

DE LA LORRAINE

Les études géographiques un peu complètes sur une région ne se bornent pas à une description plus ou moins détaillée du relief du sol, des cours d'eau, des productions naturelles, des divisions politiques, administratives, etc. Il est encore un point très intéressant se rattachant à ces études, c'est la description des phénomènes si nombreux et si variés dont l'atmosphère est le théâtre, et dont l'ensemble constitue *le climat du pays*.

Les recherches sur le climat se lient intimement à cette science toute moderne qu'on appelle *la météorologie*. Je dis moderne, et cependant dans tous les temps, à toutes les époques, on s'est beaucoup préoccupé des mouvements de l'atmosphère pour chercher à pronostiquer, pour un temps plus ou moins rapproché, les variations de température. L'homme des champs, plus que tout autre, en toute saison, mais surtout à l'époque des travaux de la campagne, surtout au moment de la rentrée de ses récoltes, s'y est attaché d'une manière toute particulière. Cependant, jusqu'en ces derniers temps, on n'avait guère acquis, sur les causes des mouvements de l'atmosphère comme des phénomènes observés, que des idées fort confuses, souvent erronées ; et toutes les connaissances, fruits des observations des générations passées, n'avaient abouti qu'à des remarques pour la plupart empiriques. Pour les graver dans l'esprit, pour en conserver plus facilement le souvenir et en retenir le retour annuel, on les traduisit en *adages* dans lesquels les noms des saints du calendrier jouent un certain rôle.

Les débuts de la *météorologie* proprement dite ne datent guère que du siècle dernier. Ce sont les découvertes des savants tels que de Saulxures, Franklin, Volta, Dufay, qui lui firent faire les premiers pas. Mais c'est surtout dans ces derniers temps, que cette science a pris en France des développements considérables, que des observations régulières ont été faites sur une multitude de points, non seulement en ce pays, mais dans les deux mondes. Ces observations et d'autres précédemment recueillies ayant été réunies, coordonnées, comparées, on en a tiré des conséquences qui ont amené la découverte des lois telles que celles de Dowe sur *les tempêtes*, de Marié-Dawy sur *les mouvements de l'atmosphère et des mers*, de Coulvier-Gravier sur *les météores*. Bien qu'à son début, cette science a déjà, secondée par le télégraphe, rendu bien des services à la marine qu'elle a avertie en signalant dans les différents ports l'arrivée des tempêtes. Espérons que dans un avenir rapproché elle en rendra d'autres, en particulier à la culture qu'elle préviendra promptement des perturbations atmosphériques menaçant la région, indication précieuse pour le cultivateur, surtout au moment de la rentrée des récoltes.

Mon but n'est pas de traiter la question d'une façon scientifique : ce serait hors du cadre de ce petit travail et en même temps au-dessus de mon faible savoir sur le sujet. Mon rôle sera plus modeste : il se bornera à appeler l'attention sur les phénomènes les plus remarquables de cet ordre relevés dans notre pays, et à donner quelques notions sommaires pour en expliquer la cause ou l'origine et en faire comprendre le développement.

PREMIÈRE PARTIE

I.

CLIMAT DE LA LORRAINE.

Notre région appartient au plateau de Lorraine, dont l'altitude moyenne est d'environ 300 mètres au-dessus du niveau de la mer. Elle appartient au climat vosgien ou des plaines de l'Est, au ciel brumeux, assez humide à cause des nombreuses forêts qui tapissent le sol, très variable par suite des brusques changements, des écarts de température qui s'y font fréquemment sentir. C'est l'un des climats les plus rudes de la France, sauf celui des parties montagneuses de ce pays.

La température y est en effet très variable, au printemps et même en été. Qu'une giboulée ou un orage surviennent, il n'est pas rare de voir le thermomètre, dans l'espace d'une heure, de quelques minutes même, tomber de 5°, 10° et 15°. De l'hiver à l'été on constate parfois un écart de près de 60° (¹).

Ces brusques écarts ont eu lieu chez nous dans tous les temps : c'est l'un des caractères de notre climat, on ne s'en étonne point. Mais ce qui préoccupe, c'est que l'on croit voir, aujourd'hui plus que dans le passé, des périodes humides et froides, telles que celle de 1850 à 1857, désignée dans les vignobles du *Toulois* sous le nom des *sept vaches maigres*, et celle de 1871 à 1883, dans laquelle nous nous trouvons encore ; c'est surtout de remarquer que les gelées printanières paraissent se produire maintenant plus fréquentes et plus meurtrières qu'autrefois (¹).

Il est incontestable, du reste, que depuis quelques siècles les vignobles rétrogradent vers le Sud. Ainsi, anciennement, on cultivait la

---

(¹) Comme extrêmes de température, citons en ces dernières années, à l'Observatoire de la Faculté des sciences de Nancy, + 39°2, le 16 juillet 1881, et dans certaines parties des Vosges, pendant le rude hiver de 1879-1880, — 35° ; écart : 74°2.

(²) Ce fait est hors de doute pour Allain : il y a 40 ans, on cultivait la vigne en certains cantons de cette localité et les gelées printanières ne s'y faisaient pas fréquemment sentir ; tandis qu'aujourd'hui, elles sont si fréquentes (au moins neuf fois sur dix), qu'on a dû arracher les vignes qu'on y avait plantées.

vigne en Angleterre, sur les bords du canal de Bristol : on la cultivait également dans les Flandres et en Bretagne, où l'on récoltait, disent les chroniques, un vin exquis, tandis qu'aujourd'hui le raisin n'y mûrit plus qu'en de rares années d'une chaleur exceptionnelle.

M. Lespiault, de la *Société météorologique* de Bordeaux, est convaincu que le climat de l'Europe occidentale éprouve en ce moment de sérieuses modifications.

Ce ne serait pas, du reste, dans notre hémisphère boréal, le seul exemple de variations. Anciennement, le Groënland et l'Islande étaient des contrées verdoyantes et fertiles, tandis que, depuis le xvᵉ siècle, ces régions sont devenues glacées. La Sibérie elle-même n'a pas toujours eu un climat aussi rude que celui d'aujourd'hui.

Ajoutons qu'en Allemagne, en certaines parties du moins, les observations faites depuis un siècle ont constaté un abaissement d'un degré, ce qui est considérable.

Des recherches faites cette année en Bourgogne par M. Salimbini, à partir de 1339, sur l'époque des vendanges en cette province, établissent que le raisin y mûrissait d'une façon plus précoce au xvᵉ siècle qu'aujourd'hui. Ainsi, dans cette période, il compte 2 vendanges en août, 85 en septembre et 12 en octobre ; au xviᵉ siècle, il trouve encore 2 vendanges en août, mais 48 seulement en septembre et 22 en octobre ; au xviiᵉ siècle, il n'y a plus aucune vendange en août, 52 en septembre et 23 en octobre ; enfin, au xviiiᵉ siècle, aucune vendange en août, 59 en septembre et 22 en octobre.

En faisant des recherches analogues dans nos *Annales* et en nous en tenant aux dates telles que les chroniqueurs nous les fournissent, nous trouvons aussi chez nous, dans le cours du xvᵉ siècle et du xviᵉ, des vendanges en août, et surtout au printemps, des phénomènes de végétation précoce qui nous sont aujourd'hui presque inconnus. Mais pour avoir avec notre époque un terme vrai de comparaison, il y a lieu de tenir compte de la *réforme du calendrier* sur la fin du xviᵉ siècle [1].

Ainsi les *Annales messines* nous signalent les faits suivants dans la période de 1470 à 1525 :

En 1471, à la Pentecôte, le 3 juin (12 juin) [2], on mangeait déjà du verjus : les raisins étaient mûrs à la Madeleine (22-31 juillet).

En 1473, au 1ᵉʳ avril (10), il y avait des raisins en pleine vigne ; on

---

[1] C'est en 1572 qu'eut lieu en France cette réforme, et en 1579 en Lorraine. On sait qu'elle fit sauter dix jours, en sorte qu'en France, le lendemain du 4 octobre 1572 devint le 15 octobre. La même opération se fit en notre province en 1579, au commencement de l'année.

[2] Les chiffres entre parenthèses indiquent la date rectifiée ou vraie.

mangeait des fraises le 1er mai (10), des cerises le 15 (24), et à la Saint-Pierre, le 29 juin (8 juillet), on vendait des raisins mûrs; la vendange était faite pour le 1er septembre (10).

En 1476, la chaleur fut si grande qu'on ne pouvait durer; certains prés ressemblaient à des terres labourables.

En 1479, on pince la vigne le 25 avril (4 mai); à cette époque, le seigle était en fleurs. On vendit des fraises le 9 mai (18); les raisins étaient en verjus le 3 juin (12); la chaleur fut en outre intolérable de juin à septembre.

En 1482, on vend des fraises le 17 mai (26), les raisins sont en verjus le 24 mai (2 juin); on en vend de mûrs le 24 juin (2 juillet), sur la place à Metz.

En 1483, le 14 mars (23), il y a des raisins dans les vignes; le 1er juin (10), les lis sont fleuris, et le 12 juin (21), des raisins mûrs sont vendus au marché.

En 1485, le 24 mai (2 juin), on vend des fraises et des fèves nouvelles; le 1er juin (10), des cerises sont aussi vendues à la livre sur la place.

En 1488, au 1er juin (10), on se plaint que les raisins ne sont pas encore en fleurs: on avait donc l'habitude de les y voir beaucoup plus tôt.

En 1489, le 7 mai (16), fraises vendues devant le *moutiers* à Metz; le 13 juin (22), les raisins sont en verjus.

En 1490, on pince la vigne dans la première semaine de mai; le 15 (25), les raisins sont en fleurs.

En 1492, on récolte d'excellent vin; l'année avait donc encore été chaude et précoce.

En 1493, chaleur extrême en juillet et en août.

En 1495, on pince la vigne le 4 mai (13 mai); le 8 juin (17), on mange du verjus.

En 1498, au 15 mai (24), les raisins sont en fleurs; des grappes même sont cueillies le 17 juin (26).

En 1499, on pince la vigne le 4 mai (13).

En 1500, on trouve du raisin en pleine vigne le 5 mars (15); le 28 avril (7 mai), on vend des fraises et on pince la vigne; le 25 mai (4 juin), les raisins sont en fleurs.

En 1504, à partir de juin, très fortes chaleurs; vin de première qualité.

En 1507, temps si favorable et si doux au printemps, que dès les premiers jours de mai, on voyait des raisins en fleurs.

En 1509, on récolte de très bon vin.

En 1514, du 2 février au 2 mai (du 12 au 12), il n'y eut ni pluie, ni rosée.

En 1516, d'avril à octobre, été très chaud ; vendanges au commencement de septembre ; jamais on ne vit les rivières si basses.

En 1525, des poires, des pommes, des prunes nouvelles vendues à Metz avant la Saint-Jean (avant le 4 juillet) ; à cette époque, on mangeait déjà du pain nouveau ([1]).

Je pourrais continuer des citations telles que l'année 1540, dite la *chaude année,* où la moisson se fit 15 jours avant la Saint-Jean (soit au 20 juin), et la vendange en août ; puis l'année 1559, où l'on vendangea en juillet (?), s'il faut en croire les chroniques ; mais le tableau précédent suffit.

Voilà des faits nombreux, relevés dans une période relativement courte, attestant une végétation précoce ou de fortes et durables chaleurs en été. Si nous comparons ces cinquante-quatre années avec une période égale du xixe siècle, de 1830 à 1884, nous ne pourrons pas arriver à fournir des phénomènes de végétation aussi précoces et surtout si multipliés. Je regrette de ne pouvoir, pour bien établir la comparaison, donner comme dans le tableau précédent des cas détaillés de végétation printanière ; je n'ai guère pu en relever dans mes recherches ; les comptes rendus météorologiques que j'ai consultés dans la première partie de la période en question, les ont négligés, ce qui est regrettable.

Les années les plus remarquables à signaler sont :

1834, où la vendange ne put toutefois avoir lieu à Toul que le 1er octobre.

1842, où elle a lieu le 27 septembre.

1846, où il y eut des fraises et des cerises mûres au 1er juin ; la vigne était en fleurs le 10, les raisins de treille étaient généralement mûrs le 31 juillet, et la vendange se fit à Toul le 28 septembre ; elle avait eu lieu sur d'autres points du pays un peu plus tôt.

1857-1858-1859, dont les printemps furent favorables, sans gelée

---

([1]) Voy. H. Lepage, *Recherches sur la température*, et surtout M. Paul Guyot, *Journal météorologique de la Lorraine et du Barrois, du XIIIe siècle à la fin du XVIIIe.* Le travail de M. P. Guyot est manuscrit et forme un volume in-folio de plus de 225 pages. C'est une compilation des plus complètes sur le sujet, pour laquelle l'auteur, comme M. H. Lepage, a d'abord mis à contribution *l'abbé Didelot,* curé de Pouxeux, *Huguenin,* de Metz, *Jean Conrard,* de Malzéville, et *Durival ;* puis une foule d'autres annalistes du pays, tels que le *doyen de Saint-Thiébaut* (Metz), *Jean Bouchez* (id.), *Jean Châtelain* (id.), *Philippe de Vigneulles* (id.), *Joseph Ancillon* (id.), *Battus* (id.), *Jehan Aubrion* (id.), *Cassien Bigot* (id.), *Pierre Vuarin* (Étain), *Joseph Bailly* (Épinal), *Guerrier* (Lunéville), *Petitot-Bellavène* (Verdun) ; une douzaine d'autres écrivains, ainsi que les journaux assez nombreux publiés au xviie et au xviiie siècle à Metz, à Bar et à Nancy. M. P. Guyot a eu l'obligeance de m'offrir et de mettre à ma disposition son précieux travail. Je saisis ici l'occasion de lui en exprimer toute ma reconnaissance. J'ai puisé dans son journal pour le texte de cette *conférence* ainsi que pour les tableaux de la fin.

mais dans lesquelles les vendanges n'arrivèrent toutefois que fin de septembre ou commencement d'octobre.

1865, où, du 24 mars au 8 avril, se produisit un quartier d'hiver très rigoureux avec 25 centimètres de neige. Néanmoins, dès le 16 avril, les feuilles étaient épanouies ; le 13 mai, on voyait des cerises précoces au marché de Nancy ; le 2 juin, du blé en épis ; le 19 juin, la fenaison ; le 17 juillet la moisson des blés ; le 29 du raisin de treille mêlé, et le 16 septembre, la vendange se faisait à Toul.

1868, où, le 25 mai, on voyait des épis de blé, le 27 des raisins de treille en fleurs avec des cerises et des fraises mûres ; le 13 juillet la moisson, et la vendange le 16 septembre.

1870, qui fut aussi l'une des années les plus chaudes du siècle, où il y eut pénurie de fourrage ; la vendange toutefois n'eut lieu que vers le 1er octobre.

A cette liste, et pour établir le bilan du xixe siècle, je pourrais ajouter l'année 1811, où la moisson eut lieu le 19 juillet, et la vendange à Toul le 19 septembre ; puis 1822, où la fenaison se fit à Allain le 10 juin, la moisson le 10 juillet, et la vendange, à Toul, le 11 septembre. Enfin, en 1802, les vendanges se firent encore en septembre.

Malgré ces faits, beaucoup de physiciens et de météorologistes nient le changement de température.

Ainsi Arago, le célèbre astronome, sollicité, il y a une cinquantaine d'années, de faire des recherches au sujet de l'abaissement supposé de la température en France, prouva d'abord que la moyenne du globe est restée la même, à un dixième de degré près, et cela depuis plus de 2000 ans. Ensuite, par d'ingénieuses considérations, il prouva aussi que le climat de la Palestine n'a pas changé non plus depuis le temps d'Abraham ; qu'enfin la température moyenne de la France n'a pas varié non plus, avec cette réserve toutefois que, par suite des déboisements, de l'extension des cultures, du dessèchement des marais et d'autres causes secondaires, les étés sont maintenant chez nous moins chauds et les hivers moins froids que par le passé.

M. Coulvier-Gravier, l'un des météorologistes distingués de l'époque actuelle, prétend, lui aussi, que les temps modernes ne diffèrent en rien des temps anciens sous le rapport des intempéries des saisons, et que tout se passe aujourd'hui comme jadis ; que s'il est survenu dans les temps anciens des étés plus chauds et des hivers plus froids, des périodes plus sèches ou plus humides, ces différences ne se représentent pas moins dans les temps actuels. Des oscillations embrassant des périodes d'années plus ou moins nombreuses peuvent bien se produire, mais ce sont des fluctuations temporaires, des faits anormaux ; en somme, d'après le savant météorologiste, la moyenne de température serait aujourd'hui la même qu'autrefois.

Quelle que soit l'opinion des savants, les faits que je viens de citer pour une période qui m'a offert des renseignements détaillés, circonstanciés, sont là. Il est difficile, devant ce tableau, comparé à celui du xixe siècle, de maintenir que notre température est aujourd'hui la même qu'au xve siècle et au xvie. Dans les appréciations de température, il est bon de tenir compte des phénomènes de végétation.

II.

DES MOUVEMENTS DE L'ATMOSPHÈRE ; GULF-STREAM. INFLUENCE DE CES COURANTS SUR LE CLIMAT DE LA LORRAINE.

Les vents sont chez nous d'une inconstance proverbiale. Il n'est pas sans intérêt d'en rechercher la cause ou l'origine, aussi bien que le mode de propagation.

Nous sommes-nous jamais posé cette question : D'où vient le vent, et jusqu'où va-t-il dans la direction observée ? S'il souffle de l'Ouest, va-t-il du côté de l'Est faire le tour de la terre pour nous revenir par l'Ouest ? Évidemment non, car dans le courant d'une journée, dans l'espace de quelques heures, de quelques minutes même, on peut le voir souffler de directions très différentes, quelquefois diamétralement opposées. Les météorologistes, tels que M. Marié-Davy, posent en principe que tout courant aérien se propage d'une façon circulaire ou parabolique plus ou moins régulière, et que *la giration* est la loi universelle des mouvements de l'atmosphère.

En ce qui concerne notre région, disons tout d'abord, d'après l'éminent météorologiste, qu'un grand courant s'élève des régions équatoriales de l'Atlantique, qu'il monte dans les hautes régions de l'atmosphère, se dirige ensuite vers le Nord, puis vers le Nord-Est. On lui donne le nom de *contre-alizé*. Mais bientôt il s'abaisse : une partie va alors raser la surface des eaux ou du sol et fournir les *alizés* proprement dits, pour faire retour vers l'équateur. L'autre partie du courant supérieur, à laquelle on est convenu de donner le nom de *courant équatorial*, continue son chemin vers le Nord-Est, puis vers l'Est, et s'avance quelquefois assez loin dans cette direction. C'est ainsi qu'il arrive sur l'Europe où il rase le sol, tourne ensuite au Sud-Est, puis au Sud, sous le nom de *courant boréal* ou de retour, pour rallier les régions méridionales.

Ce *fleuve aérien* pénètre en Europe par différentes routes principales, car il se déplace fréquemment. S'il nous arrive par la Suède et la

Norwège, il peut s'étendre assez loin vers l'Est, sur l'Asie occidentale, avant de faire retour vers le Sud. S'il prend la route de la Baltique, il va ordinairement traverser la Russie centrale et tourner au Sud vers la mer Noire ou la mer Caspienne ; s'il prend la direction de la Manche, itinéraire qui nous intéresse le plus, il traverse le Nord de la France, la Belgique, affecte la Lorraine et va franchir l'Allemagne méridionale, l'Autriche occidentale, puis rallie le Sud par la Turquie ; enfin, s'il pénètre en France par le golfe de Gascogne, il passe entre le plateau Central et les Pyrénées, s'abat sur la Méditerranée, côtoie l'Italie, puis tourne au Sud. Mais sa marche n'a pas toujours cette régularité ; il peut, au lieu de suivre ces diverses routes, monter haut dans les régions boréales, puis tourner brusquement pour nous arriver, en Lorraine, comme courant de retour. Je ne puis donner ici toutes les situations que peut occuper ce fleuve aérien si mobile ; je me contente d'indiquer les principales, les plus fréquentes. (Voy. fig. 1.)

Ce grand courant dans le trajet circulaire ou parabolique qu'il accomplit pour faire retour, se meut souvent autour d'une zone neutre, de calme, de haute pression, anticyclonique. La partie méridionale du fleuve aérien engendre, fréquemment alors, des mouvements giratoires plus ou moins violents, parfois terribles, conséquence mécanique du frottement de l'air en activité contre l'air en repos. Ces mouvements giratoires s'accomplissent autour d'un centre de dépression et dans le sens inverse du mouvement des aiguilles d'une montre. Le diamètre de ces disques tournants est très variable et peut être de 100, 500, 1,000 kilomètres.

Au Nord de la dépression, le mouvement giratoire ayant à lutter contre le fleuve aérien, est relativement faible : c'est le *bord maniable* des marins. La portion du disque tournant qui se trouve au Sud du centre de dépression voit son mouvement accéléré par le courant ou la force de translation : c'est le *bord dangereux*. C'est aussi dans la partie sud de ce disque que se produisent les pluies, les orages, les bourrasques, les tempêtes (voy. fig. 3). Il est à remarquer toutefois que le disque n'a pas toujours dans son développement la régularité du cercle qui sert ici à figurer le mouvement giratoire.

Il arrive souvent que cette dépression passée, une autre lui succède, puis toute une série à la façon des grains du chapelet qui défilent.

Leur itinéraire se trouve généralement conforme à celui du fleuve aérien qu'ils accompagnent ; néanmoins, on en a vu décrire des spirales, des crochets, ou bien se doubler, se dédoubler. Quand l'un de ces chapelets nous arrive par la Manche ou le Sud de l'Angleterre et qu'il vient affecter notre région, nous éprouvons ordinairement les effets du *bord dangereux :* nous entrons dans une période de mauvais temps, tandis que le Midi de la France, se trouvant peut-être dans la zone neutre, jouit d'un beau temps persistant. Si, au contraire, les dépressions pénètrent dans le bassin de la Garonne, celles-ci n'affectent notre province que par leur *bord maniable,* presque toujours accompagné de vents modérés du Nord et du Nord-Est : nous avons, en conséquence, le beau temps. De là souvent cette différence de climat constatée entre le Nord et le Midi de la France. Souvent, en effet, en Lorraine, nous avons des mauvais temps persistants, tandis que le Midi jouit du beau temps ; réciproquement, quand le Midi éprouve des périodes pluvieuses, des inondations, nous avons souvent ici le beau temps.

Ces grands mouvements giratoires, ouragans ou cyclones, prennent ordinairement naissance dans les régions équatoriales de l'Atlantique. Ils côtoient les Guyanes, pénètrent dans les Antilles et longent les États-Unis. Dans ces régions, ils ont un diamètre moins développé, mais ils acquièrent parfois une intensité terrible. Beaucoup nous arrivent ensuite, après nous avoir été signalés par les Américains qui ont pu en étudier la violence et la marche avec une assez grande exactitude pour nous prédire le jour et le lieu de leur arrivée sur les côtes de l'Europe. Parmi les autres, ceux-ci ont dévié ou se sont perdus dans la traverse de l'Atlantique ; ceux-là ont diminué de violence, les autres ont vu, au contraire, leur intensité se développer.

Supposons qu'une série de dépressions nous arrivent après une période de beau temps, entretenue par un vent du Nord et que le centre du mouvement giratoire doive passer au Nord de Nancy (voir fig. 4). Dès que la première dépression vient affecter la région, le vent tombe au Sud et le baromètre commence à fléchir. A mesure qu'elle avance, le vent tourne successivement du S.-S.-O. au S.-O ; le baromètre a continué de fléchir, et il est au plus bas au moment où le centre du disque tournant passe au Nord de Nancy ; alors le vent marque l'Ouest. A partir de ce moment, le baromètre ne tarde pas à se relever, la pluie à cesser et le vent à tourner à l'O.-N.-O., puis au N.-O., enfin au Nord.

Si une seconde dépression suit la première, les mêmes phénomènes se produisent dans le même ordre.

Plus la baisse du baromètre est lente, plus le mouvement est développé et doit avoir de durée ; plus elle est précipitée, plus brusque sera le relèvement du mercure. Le centre de rotation est toujours à gauche du vent. La vitesse de translation du disque tournant est variable : dans les ouragans, les cyclones, elle peut aller à 40 ou 45 kilomètres à l'heure, tandis que l'air en mouvement au Sud du centre de dépression peut arriver parfois à plus de 160 kilomètres à l'heure.

Notre climat est encore subordonné au courant marin connu sous le nom de *Gulf-stream*, qui prend aussi naissance dans les régions équatoriales de l'Atlantique et suit longtemps un itinéraire à peu près parallèle à celui du fleuve aérien signalé ; il côtoie, en effet, la partie septentrionale de l'Amérique du Sud, pénètre dans la mer des Antilles et au sortir de la pointe de la Floride, il s'avance à travers l'Atlantique pour aller gagner les régions polaires, en passant entre les Iles-Britanniques et l'Islande. Au sortir de la mer des Antilles, les eaux de ce courant marin arrivent jusqu'à environ 30° de chaleur, et partout ailleurs, elles conservent une température supérieure à celle de la masse liquide au milieu de laquelle elles se frayent un passage (voy. fig. 2).

En route, le *Gulf-stream* projette différents rameaux. Je me bornerai à citer celui qui nous intéresse plus particulièrement. C'est celui qui pénètre dans le golfe de Gascogne et dans la Manche. Il donne à Jersey une température telle qu'on l'appelle parfois l'île Madère du Nord, et à la presqu'île du Cotentin un climat si doux qu'on peut, en pleine terre, y cultiver les plantes des pays chauds. C'est le *Gulf-stream* qui fournit les brouillards de Londres, ainsi que la plus grande partie des nuages qui nous arrivent de l'Océan. Ce fleuve marin peut se déplacer et se trouver tantôt un peu plus au Nord, tantôt un peu plus au Sud, dans sa traverse de l'Atlantique.

Le *courant équatorial* et le *courant de retour* jouent un grand rôle dans la distribution, sur notre région, du chaud, du froid, de la pluie, et du beau temps. Il éprouve, suivant M. Marié-Dawy, de fréquentes oscillations à l'aller et au retour, et à un moment donné, il peut occuper la place où se développait précédemment le *circuit équatorial*. Celui-ci, chargé des vapeurs de l'Océan, surtout du *Gulf-stream*, nous amène la pluie. Le *courant de retour*, au contraire, ayant traversé les régions polaires, où il s'est refroidi et débarrassé de la vapeur d'eau dont il était chargé, nous amène des vents secs et froids.

Si le *courant équatorial* est stationnaire sur notre province, en été, nous avons une saison humide, froide, des pluies persistantes. En hiver, nous éprouvons un temps pluvieux et doux. S'il monte trop haut et que nous subissions ici le *courant boréal* ou de retour, en été, nous avons une période de sécheresse avec vent du Nord, et en hiver des froids intenses. Si le fluide aérien reste dans une position intermédiaire, et que les bourrasques nous arrivent du Nord, nous subissons, en hiver, des rafales de neige considérables. En été, ce courant, pour être favorable à la végétation, ne doit être ni trop loin ni trop près de nous, car c'est lui qui dispense les pluies modérées sur son parcours.

Mais il peut arriver qu'entre le *circuit équatorial* et le *courant polaire* existe cette zone de calme, de haute pression, que j'ai précédemment signalée. Dans cette circonstance, en été, on jouit d'un beau fixe, avec fortes chaleurs; et en hiver, on subit des froids intenses par suite du rayonnement pendant les longues nuits de la saison. Nous avons eu récemment deux exemples de ce cas pendant le rude hiver de 1879-1880 et pendant la période de brouillards avec givre de janvier et février 1882. La masse d'air à peu près inerte, anticyclonique, comprise dans cette zone de calme, se laisse difficilement entamer; elle rejette au Nord toutes les dépressions qui s'avancent de l'Ouest, en sorte que, pendant les deux périodes que je viens de signaler, les Américains avaient beau nous annoncer des dépressions, des bourrasques, des tempêtes; elles se trouvaient toutes refoulées dans les régions septentrionales de l'Europe.

Les évolutions des divers courants que je viens d'indiquer sont donc les causes principales des variations de température que nous éprouvons et que nous constations précédemment.

III.

TOURBILLON, TROMBE, OURAGAN, CYCLONE.

Quand, en été surtout, après une série de beaux jours, deux courants très modérés, se mouvant en sens inverse, viennent se heurter, leurs ondes extérieures se développent avec accompagnement de remous de peu d'importance. Il se produit alors de ces petits tourbillons, souvent très multipliés, bien connus des moissonneurs, soulevant et éparpillant les javelles. Chez nous, on donne à ces petits tourbillons le nom de *tribuot*, et dans les Vosges celui de *fouye-tôt*. C'est généralement l'annonce d'un changement de temps, l'indice de pluie prochaine. Néanmoins, c'est encore, après une période de mauvais jours, le présage du beau temps. Le sens du mouvement de l'air, dans ces petits tourbillons, n'est pas encore bien déterminé. Cependant, d'après M. Thiriat, de Gérardmer, si le tourbillon tourne de gauche à droite, c'est l'indice de pluie prochaine; dans le cas contraire, c'est le présage du beau temps.

Il est d'autres tourbillons plus forts, se mouvant parfois sur un diamètre d'un kilomètre et plus, et ayant de l'analogie avec les précédents; ils se produisent très souvent comme les premiers, dans un ciel serein, au milieu d'un air calme. Tel est le tourbillon observé le

5 septembre 1883, près de Grand-Failly, par deux chasseurs qui, à son approche, furent obligés de se coucher pour ne pas être renversés. Ils virent alors des tas de gerbes d'avoine enlevées, puis ces gerbes s'entrechoquer dans les airs, se briser, et leurs débris projetés au loin. Tel encore cet autre tourbillon observé dans les mêmes conditions, le 24 juin 1863, par M. Thiriat, dans les Vosges, tourbillon qui enleva plusieurs milliers de kilogrammes de foin dans les prairies; puis celui du 6 octobre 1865, qui traversa une forêt comme un ouragan, et vingt minutes après se produisait une pluie de mousse et de feuilles [1].

Trombes. — Une trombe est un mouvement giratoire avec cône vide au centre, qui offre une certaine analogie, dans quelques-uns de ses effets du moins, avec les tourbillons; mais souvent aussi elle présente des caractères tout particuliers. Une trombe est ordinairement précédée d'une chaleur étouffante, et se produit au milieu d'un calme plat, sous un ciel chargé de gros nuages gris de plomb, l'électricité joue un certain rôle dans la formation de ce singulier météore. Si un nuage très dense, chargé d'électricité, passe à une petite distance de a mer, il s'abaisse et attire l'élément liquide qui se bombe, se soulève en colonne; les deux parties s'allongent en cône, se rencontrent et forment une colonne. Si le phénomène se passe sur terre, le sol ne pouvant se soulever comme l'eau de la mer, le nuage descend seul en forme de cône renversé très effilé, plus ou moins droit ou incliné. La poussière, le sable, les corps légers de la surface du sol, sont attirés, soulevés et transportés vers le sommet du cône vide. Suivant que la trombe est plus ou moins puissante, les objets plus ou moins volumineux peuvent être enlevés et emportés à une distance plus ou moins grande. On peut, en outre, voir se produire des effets mécaniques, terribles, désastreux, toujours accompagnés d'actions électriques, comme arbres rompus ou brisés, bâtiments renversés, étangs desséchés, coups de foudre accompagnés de carbonisation de bois, de fusion de métaux, etc. [2].

Sur mer, où le voisinage des trombes est dangereux pour les vaisseaux, on cherche à les écarter à coups de canon, ce qui divise la colonne et intercepte momentanément la communication entre le nuage et la mer.

« Dans la soirée du 6 juillet 1875, une très belle trombe, d'autant plus remarquable qu'elle est restée inoffensive, a traversé la ville de Nancy dans la direction du S.-O. au N.-E. Elle était constituée alors

[1] **V. X.** Thiriat, *la vallée Cleurie.*
[2] **V.** Bouillet, *Dictionnaire des sciences*, etc.

par deux nuages d'un gris foncé, de hauteur différente, et reliés entre eux par une sorte de ruban incliné, affectant la forme de deux cônes accolés par leur pointe. Formée probablement dans la vallée de la Moselle, à la suite d'une journée chaude et orageuse, elle s'engagea au-dessus de la *forêt de Haye*, puis de la ville, pour aller disparaître du côté du village de Tomblaine. Le nuage inférieur se dissipa peu à peu, par suite de l'allongement du ruban qui semblait tourner sur lui-même et être formé d'une vapeur grise et transparente. Ce phénomène dura à peu près un quart d'heure ([1]). »

M. P. Guyot, dans son *Journal météorologique*, cite la lettre suivante du *P. visiteur du tiers ordre de Saint-François* au P. Provincial des religieux du même ordre à Nancy, concernant une *trombe* qui ravagea quelques localités des environs de Bayon :

« Bayon, le 3 août 1779.

« ..... Le 29 juillet dernier, vers 4 heures 30 minutes du soir, il s'est élevé au-dessus de La Neuville (Laneuveville-devant-Bayon, canton de Haroué), une trombe qui a pris sa direction du côté de Froville. Cette trombe avait environ quatre pieds de diamètre. Elle s'est conservée dans cette grosseur jusqu'au milieu de la prairie entre Bayon et Froville ; alors elle a diminué insensiblement. On en voyait continuellement sortir des globules de fumée qui s'élevaient jusqu'à la nue ; il s'en échappait aussi par le bas, mêlés de feu, qui rentraient bientôt dans la colonne. Elle se terminait à la nuée, en cône tronqué, mais à la fin, la figure de ce cône s'est changée, c'est-à-dire qu'il s'est renversé. La fumée qu'il répandait ressemblait à celle d'un incendie.

« Il sortait de ce tourbillon un vent impétueux qui produisait un bruit sourd, semblable à un mugissement. Partout où il a passé, il a fait des dégâts presque incroyables. Il a cassé un arbre d'un pied de diamètre, l'a fendu, et en a jeté une partie à 9 ou 10 pieds, l'autre à 50 pieds. Il en a arraché un autre de la même grosseur auprès de la chaussée, et l'a emporté à plus de 50 toises. Il a de même arraché et cassé des arbres qui sont de chaque côté du chemin de Froville. Un veau qui était dans un jardin, a été enlevé et étouffé. On a trouvé dans une haie, un loriot mort, dont toutes les plumes étaient déchirées. Tous les épis de blé ou d'orge, excepté ceux qui n'étaient qu'à cinq ou six pouces de terre, ont été mis en pièces.

« C'est à Froville que cette trombe a causé le plus de *dommages*. Elle a découvert toutes les maisons, excepté quatre ou cinq. Elle a

---

[1] V. M. J. Chautard et M. Thierry, *Résumé des observations météorologiques pour l'année 1875*. (Annuaire de 1877.)

arraché, brisé, emporté des arbres, enlevé des chariots. Un homme a été jeté à une vingtaine de pas. Des pièces de bois qui étaient devant une maison, ont été enlevées en l'air et transportées par-dessus le toit, dans les jardins derrière la maison. Un tas de foin a été enlevé de dessus un grenier avec les poutres et les chevrons.

« Les pertes s'élèvent de 18,000 à 20,000 écus. »

Je tiens d'un témoin oculaire que, le 1er septembre 1857, à Azoudange (arrondissement de Sarrebourg), une trombe traversa cette localité dans des conditions ayant une certaine analogie avec la précédente. Le ciel, en plein jour, s'obscurcit d'une façon effrayante, et au moment du passage du météore, le sol se couvrit de lueurs semblables à des flammes ; des toitures nombreuses furent enlevées, des maisons renversées. Plus loin la trombe marqua son passage à travers la forêt de Fribourg par une tranchée dans laquelle les arbres, gros et petits, furent arrachés, tordus ou rompus.

J'ai observé, le 14 juin 1876, une curieuse trombe dont les effets ne furent nullement désastreux. Vers deux heures et demie du soir, de gros nuages orageux, venant du S.-O., passaient au-dessus du village d'Allain, par une chaleur étouffante et un calme presque effrayant. Le jour baissa à tel point que mes élèves, en train d'écrire, furent obligés de suspendre leur travail : ils n'y voyaient plus. Je sortis pour observer les allures de cet orage singulier qui ne donnait pas de pluie. Du côté du N.-E., un de ces gros nuages gris de plomb qui marchaient en tête de la nuée, se bomba tout à coup du côté du sol ; il s'abaissa en colonne effilée d'une teinte qui tranchait sur le fond clair du ciel et descendit probablement jusqu'au sol qu'une maison située à 300 mètres de mon point d'observation me cachait. Mais cette colonne en forme de *queue de rat* ne tarda pas à se convertir en une sorte de fumée, de vapeur blanchâtre qui se produisit d'abord près du sol et remonta jusqu'au nuage orageux. Le même phénomène se produisit jusqu'à trois fois de suite dans l'espace de dix minutes environ, puis le tonnerre éclata et la pluie tomba à torrents. (Voy. fig. 5, indiquant chaque trente secondes environ le développement et la disparition de la trombe.)

Ouragan, cyclone. — On donne ce nom à une de ces masses considérables d'air en mouvement autour d'un centre de dépression dont il a déjà été question précédemment. Quand la rotation est exclusivement formée de vent, c'est l'*ouragan*. Mais quand elle est accompagnée d'épaisses vapeurs, de torrents de pluie ou de neige, de grêle, de tonnerre, et au centre d'un bruit formidable ressemblant à des décharges d'artillerie, c'est le *cyclone*. On a vu précédemment le lieu où ces dépressions terribles prennent naissance, et leur itinéraire le plus ordinaire. On a vu aussi qu'en arrivant en Europe elles prennent du développement et perdent en intensité ce qu'elles gagnent en ampleur. Dans les Antilles, dans le golfe du Mexique, où leurs effets sont plus terribles, on a vu la mer, aspirée comme dans les trombes, mais avec une violence incomparable, monter jusqu'à neuf mètres au-dessus de son niveau et être agitée de mouvements si violents, que des forteresses en ont été démolies, des navires se sont trouvés enlevés et sont allés s'échouer sur la plage, sur des rochers, sur des bâtiments, sur des arbres. Dans le cyclone du 8 octobre 1780, dit le *grand ouragan*, plus de 15,000 personnes périrent rien qu'à la Martinique et à Sainte-Lucie. En outre, sur cinquante bâtiments français qui se trouvaient dans ces parages, sept seulement furent sauvés. A Fort-Royal, la cathédrale, sept églises, mille maisons furent enlevées et 600 malades furent écrasés à l'hôpital. On peut par là juger de l'étendue du désastre.

Au mois de février 1884, un de ces météores s'est abattu encore sur les États-Unis : on cite 600 victimes et plus de 2,000 maisons renversées.

Chez nous, ces météores redoutables nous arrivent relativement modérés. Parmi les ouragans dont on garde le souvenir assez récent en Lorraine, citons celui du 12 septembre 1837, à Pont-à-Mousson et aux environs, où il y eut quantité d'arbres brisés, de toitures enlevées et des poutres transportées à de grandes distances ; celui du 18 juillet 1842, dont le souvenir nous reste, et qui fit aussi des dégâts en grand nombre ; celui du 26 octobre 1870, qui ravagea nos forêts, surtout celles des environs d'Allain et celle de *Haye*. Dans celle d'Allain, par exemple, il s'attaqua aux plus gros arbres comme aux plus petits, témoin ce hêtre, le géant de notre forêt, et quantité d'autres presque aussi gros qui furent brisés, déracinés. Un témoin oculaire qui se trouvait dans la forêt et sur le passage même du météore, me raconta la terreur qu'il avait éprouvée en voyant les baliveaux courbés, tordus jusqu'à terre, et les plus gros arbres couchés, rompus avec un fracas épouvantable, tombant à côté de lui. Les derniers ouragans signalés en ce pays ayant eu quelque importance, sont ceux du 6 novembre 1875 et des 26 et 27 janvier 1884.

Je pourrais citer aux siècles passés quantité d'autres ouragans dont les résultats furent analogues à ceux de ces derniers temps; mais je crois devoir me borner à ce qui précède.

IV.

PLUIE DE SANG, DE SABLE, DE SOUFRE, ETC.

Les tourbillons et les trombes enlèvent des mousses, des feuilles, du foin, de la poussière, des particules fines du sol, voire même des gerbes qui, du côté de Lyon, ont été transportées jusqu'à trois kilomètres. Ces mouvements giratoires entraînent quelquefois les produits ainsi enlevés à une certaine distance, surtout quand ceux-ci sont ténus ; ils causent alors dans leur chute de singulières surprises aux populations. Ainsi, à Gênes, en 1744, pendant une guerre civile, et en Transylvanie, en 1810, il tomba une pluie dont les gouttes étaient colorées en rouge et qu'on prit pour du sang. L'analyse révéla que la coloration n'était point un produit animal : à Gênes, c'était à des particules minérales microscopiques, c'est-à-dire à du sable rouge très fin ; en Transylvanie, à du pollen ou poussière végétale enlevée à des résineux. On a vu de même des neiges teintes en rouge par des causes analogues.

C'est à un ordre de choses sans doute tout différent qu'il faut rapporter le fait signalé par les *Annales messines* à la date de 1516 : « Quand ce vint à *xawoultrer* la vigne, beaucopt de gens, hommes et femmes, trouvoient leurs mains et leurs manches toutes dessaignées, non pas un peu si rouges que vray sang et ne savoient où dont ce venoit et en estoient plusieurs gens émerveillés dont il venoit ni précédoit et se cuidoient les aulcuns avoir coppés [1]. »

Ces taches rouges prises pour du sang n'étaient-elles pas causées par le liquide rougeâtre que déposent certains papillons au moment où ils sortent de leur chrysalide ? En certaines années, le papillon dont la chenille affectionne l'ortie, éclôt, même en notre pays, en assez grande abondance pour que les plantes, les murs, les corniches même, se trouvent couverts de ce liquide rougeâtre. Celui-ci ne peut être tombé du ciel, puisque le revers des feuilles, les corniches s'en trouvent tachés. J'ai vu, en 1883, chez M. *Millot*, chargé *des travaux météorologiques* à la Faculté des sciences de Nancy, ce phénomène produit par un certain nombre de ces papillons tenus séquestrés dans une boîte.

Piéresc observa en France une prétendue pluie de sang due à la présence, dans chacune des gouttes, d'une foule de petits insectes rouges qui volaient en ces temps-là en quantité dans l'atmosphère. Hildebrand, en 1711, remarqua aussi une pluie de couleur rouge due à la même cause.

---

[1] Voy. H. Lepage, *Recherches sur la température*.

Il me souvient, dans mon jeune âge, à la suite d'un orage, d'avoir vu l'eau de nos citernes d'Allain, comme celle des flaques de la route, toute couverte d'une poudre jaune qu'on prit pour de la fleur de soufre. Ce phénomène, assez fréquent du reste, s'est produit même cette année, au printemps de 1883, aux environs de Saumur, où les maraîchers virent, un matin, leurs légumes tout couverts d'une poussière jaune qui n'était autre chose que du pollen de fleurs de bouleaux, de pins ou de lycopodes, venant de loin.

Nous avons signalé du sable fin colorant en rouge des gouttes d'eau, et ce sable lui-même tomber abondant ; il avait sans doute été enlevé des déserts. Mais sans sortir de notre région, nous pouvons citer une pluie de sable, en 1856, près de Varangéville, à la suite d'une trombe qui avait suivi quelque temps le cours de la Meurthe [1].

M. le Dr Marchal, de Lorquin, a signalé, à la date du 4 août 1854, à Fraquelfing (arrondissement de Sarrebourg), une *pluie de sel*, à la suite d'un orage, pendant lequel on crut voir tomber des flocons de neige. Mais après la pluie, la substance blanche restée sur le sol ayant été examinée, fut trouvée cristallisée, croquant sous la dent et ayant la saveur bien connue du sel. M. le Dr Marchal crut pouvoir attribuer ce phénomène à une trombe qui aurait enlevé de l'eau de l'Océan, l'aurait ensuite vaporisée dans la partie supérieure de l'atmosphère et le sel marin libre se serait cristallisé, aurait été transporté au loin et serait venu tomber dans nos parages [2].

Un ouvrage imprimé dans la seconde moitié du xvie siècle, le *Promptuaire,* entre les mains d'une famille de Germiny, signale en Thuringe, non loin d'Eskerberg, une *pluie de blé ;* il en tomba de l'épaisseur de deux doigts. Ce phénomène s'étant produit le 25 juin, on doit l'attribuer à une trombe qui aurait, comme celle de Froville, découvert une maison, une ferme, et enlevé le blé battu, comme dans ce dernier village il enleva le tas de foin.

On a signalé en Espagne, dans la province de Léon, une *pluie de pois,* d'une variété inconnue ; on en recueillit, dit-on, neuf quintaux.

Ajoutons des *pluies de coton,* apparemment produites par le duvet de certains arbres chargés au printemps de gousses cotonneuses, telles que celles que l'on remarque sur quelques variétés de peupliers de nos routes.

Les *pluies de cendre* ont une origine volcanique. Ces produits de certaines éruptions sont poussés avec force dans les régions supérieures de l'atmosphère et transportés au loin par les contre-alizés.

[1] Voy. Dr Simonin, *Résumé d'observations météorologiques.*
[2] *Idem.*

On a vu ainsi des cendres entraînées à plus de deux cents lieues de distance et, en tombant, obscurcir l'air et couvrir le pont de certains navires d'une couche de plusieurs centimètres. Du reste, lors de l'éruption du Vésuve qui engloutit *Herculanum* et *Pompeï*, des cendres lancées par le volcan furent transportées par le *courant boréal*, ou de retour, jusqu'en Afrique.

Tout à l'heure, il sera question de *pluies de pierres ;* mais c'est un phénomène d'une origine toute différente.

Pour terminer cette énumération de *pluies* bizarres, citons un phénomène singulier relevé dans les annales messines et que nous livrons à la sagacité des physiciens et des météorologistes. « En 1500 advinrent plusieurs aultres merveilles parmey le monde, entre lesquelles en aulcune partie des Allemaignes tomboient et cheoient du ciel aucunes licques en manière de croix, les unes perses, les aultres en coulleur rouge, et d'aultres estoient jaunes. Et furent frappés de cette mallaidie et pestilence nouvelle et estrainge plus à l'entour de la rivière du Rhin que aultre pairt ; car des incontinent que icelles tomboient dessus le corps d'aulcune personne, fust homme ou femme, josne ou vieulx, tantost incontinent après ilz mouroient ; et si les dictes croix cheoient sur la robbe, elles l'avoient tantost percée jusques à la chair ([1]). »

V.

MÉTÉORES AQUEUX ([2]).

La *vapeur d'eau* est la source des météores aqueux : répandue dans l'atmosphère, elle est invisible et rend l'air d'une transparence inaccoutumée qui permet d'apercevoir distinctement et avec un aspect plus rapproché les objets lointains. En se condensant sous l'action du refroidissement, les *nuages* se forment. Tantôt ces nuages nous environnent : c'est le *brouillard ;* tantôt ils planent à de grandes hauteurs, puisque Gay-Lussac, arrivé à une altitude de plus de 7,000 mètres, en aperçut encore au-dessus de lui, à des régions très élevées. Les nuages poussés par les vents traversent des couches d'air de plus en plus froides ; les gouttelettes se forment et tombent : c'est la *pluie.* Les gouttes de pluie sont d'autant plus grosses qu'elles viennent de régions plus élevées.

La *rosée,* c'est la vapeur d'eau répandue dans l'atmosphère qui s'est condensée par l'effet du rayonnement, pendant la nuit, sur les végé-

---

([1]) Voy. H. Lepage, *Recherches sur la température.*
([2]) La plupart des définitions fournies ici sont empruntées à la *Physique* de M. Ganot ou au *Dictionnaire des sciences et arts* de M. Bouillet.

taux plus froids que l'air ; c'est là un phénomène qui a une certaine analogie avec celui que nous voyons se produire en hiver sur le verre de nos vitres refroidies par la température extérieure, sur lesquelles la vapeur d'eau, répandue dans les salles chauffées, va se condenser et bientôt couler le long des carreaux.

La *gelée blanche* est également de la vapeur d'eau condensée sur les plantes par rayonnement et arrivée à une température au-dessous de zéro. Le rayonnement est le phénomène qui se produit quand deux couches d'air superposées sont inégalement chauffées et par suite inégalement denses ; la couche supérieure plus froide, plus dense, descend sur le sol, tandis que la couche échauffée par le soleil, à la surface du sol, moins dense, conséquemment plus légère, monte dans les régions supérieures. L'air froid glisse, coule le long des pentes et ne s'arrête que dans le fond des vallées, des dépressions du sol ; de là, la sensibilité des vignes plantées dans les *fonds,* au pied des coteaux, au bas des collines, à éprouver, au printemps, ces gelées blanches souvent désastreuses que nous ne connaissons que trop. Ce phénomène ressemble un peu aussi à celui qui se passe quand on verse doucement de l'eau sur de l'huile dans un vase ; l'eau étant plus dense que l'huile, va immédiatement occuper le fond du vase, tandis que l'huile monte et surnage. Un nuage naturel ou artificiel, un arbre, le moindre écran intercepte le rayonnement, abrite les plantes et empêche la gelée de se produire. Ainsi le physicien Vels a fait une expérience concluante à ce sujet : il plaça deux thermomètres dans l'herbe d'un pré, à peu de distance l'un de l'autre ; l'un était abrité par un mouchoir placé à une certaine hauteur au-dessus de l'instrument, et l'autre se trouvait en plein air exposé au rayonnement d'une nuit de printemps. Celui-ci descendit de 6° au-dessous de l'autre.

Le *givre* est une congélation immédiate en cristaux, dès que la vapeur d'eau répandue dans l'air vient frapper un corps qui rayonne, tels que les arbres, leurs branches, les tiges de végétaux, leurs feuilles, etc. Le dépôt se fait de préférence par un temps calme, sur la face qui regarde le ciel, et sous l'influence d'un courant d'air, sur la face opposée à ce courant. Il est des givres désastreux pour les arbres fruitiers, les plantations des routes, les arbres des forêts, les résineux surtout, à cause de la surcharge considérable que les branches peuvent avoir à supporter, ce qui en amène la rupture : tel le givre de janvier et février 1882 qui causa en notre pays tant de ravages aux plantations des routes, aux arbres situés sur la lisière des forêts à l'exposition du N. et du N.-E.

La *neige* est produite par des gouttelettes d'eau congelées dans les régions supérieures de l'atmosphère. Ces gouttelettes se rangent en lignes droites d'abord, puis se ramifient et forment des cristaux d'une certaine régularité, avec des formes étoilées les plus variées, les plus admirables.

Le *grésil*, selon les uns, est formé de gouttelettes d'eau solidifiées, brusquement congelées ; selon d'autres, il paraîtrait n'être que de la neige dont le volume a pu s'accroître par la condensation et la congélation de vapeurs nouvelles pendant la chute.

Le *verglas* est le résultat de la congélation de la pluie qui tombe sur la terre et sur d'autres objets amenés par plusieurs jours de froids continus à une température inférieure à zéro. Mais il est, paraît-il, des verglas qui se forment dans des circonstances toutes particulières. L'eau, arrivée à une température inférieure à zéro, ne se congèle pas nécessairement : ainsi de l'eau pure, placée dans un vase, dans certaines conditions d'immobilité, d'isolement de l'air, sous un excès de pression et au moyen de mélanges réfrigérents, peut être amenée à une température de — 15° et — 20° sans se congeler ; mais qu'on l'agite, qu'on y fasse pénétrer un courant d'air, qu'on touche la dissolution, le liquide se prend instantanément : c'est ce qu'on appelle le phénomène de *la surfusion ;* l'expérience, du reste, se fait journellement dans les cabinets de physique.

Ce qui se passe dans ce cas ne peut-il pas se produire dans l'air, et la pluie ne peut-elle se trouver à une température de plusieurs degrés au-dessous de zéro, sans se convertir nécessairement ni en neige ni en grésil ?

C'est ainsi qu'on explique le verglas que nous avons éprouvé en Lorraine le 25 janvier 1879 et qui, les jours suivants, causa tant de désastres dans la forêt de Fontainebleau. On remarqua que l'eau se congelait dès qu'elle venait frapper un corps dur, branche d'arbres, mur, terre congelée, de sorte que, tombant pendant deux jours consécutifs, et les couches s'ajoutant aux couches, les degrés d'escalier exposés au verglas, par exemple, ne formaient plus qu'un plan incliné. Les arbres et leurs branches surtout étaient entourés de manchons de glace d'une épaisseur qui allait parfois jusqu'à trois et quatre centimètres, et par-dessous les branches pendaient encore des glaçons en forme de stalactiques. Mais, remarque singulière, la glace se formait tout aussi bien sur des objets d'une certaine chaleur, tels que l'étoffe des vêtements, celle des parapluies, les glaces des voitures, le verre des vitres. Les dégâts en Lorraine ne furent pas importants ; mais dans la forêt de Fontainebleau, ce fut un vrai désastre qui prit parmi les résineux des proportions inouïes. On a estimé à plus de 160,000 stères les dégâts causés dans cette seule forêt. Des animaux (des **perdrix**, des alouettes) furent trouvés morts, ensevelis dans une épaisse couche de glace et rivés au sol par les pattes et par la queue. On a comparé, dit M. Janin, ce phénomène à celui de la période glaciaire qui ensevelit, comme on le sait, des animaux gigantesques, des mastodontes et autres, qu'on retrouve aujourd'hui encore sur les bords de la Léna. Ces derniers, comme les animaux ensevelis dans le verglas de Fontainebleau, se présentent debout, le nez en l'air, enserrés dans un vêtement de glace comme si ces grands pachydermes, eux aussi, avaient été surpris par un immense verglas ([1]).

Déjà le 15 et le 16 novembre 1859, un verglas causa en Lorraine des dégâts immenses ; avait-il une origine analogue au précédent ? Les observations firent défaut.

Les annales messines en signalent un autre en 1644, qui paraît avoir quelque analogie avec celui de 1879. « Il tomba, le 2 mai, dit le chroniqueur, un bruit de verglace au travers des montagnes et collines qui s'épencha sur les vignes d'alentour, de telle sorte que l'épaisseur de la glace estoit sur le feuillage qui estoit vert, la hauteur d'un dos de couteau. Il neigia, et en certains endroits il en tomba la hauteur d'un pied ; elle pendait en glace très dure, après les feuilles, les ceps, les raisins des vignes prêtes à pincer ([2]). » Évidemment ce n'était pas les feuilles vertes, les ceps, les raisins qui congelaient les gouttes de pluie.

La *grêle.* On ne connaît pas bien encore le phénomène de la formation de la grêle ; ce qu'on sait, c'est qu'elle est composée de petits globules de glace compacte, plus ou moins volumineux qui tombent des hauteurs de l'atmosphère, ordinairement au début des orages, mais jamais à la suite, et plutôt de jour que de nuit. Dans un orage qui éclata à Allain, le 31 juillet 1869, les grêlons étaient de formes variées et très gros ; plusieurs d'entre eux furent brisés, et au centre on remarqua, ou l'on crut remarquer, peut-être, des insectes, des mouches, de petites araignées.

En juillet 1758, à Toul, à la suite d'un orage, « un grêlon examiné

([1]) Rosier raconte un fait « étrange et terrible » qui arriva au mois de décembre 1782, sur le territoire de Saint-Pons, et qui semble avoir la même origine : « Les vents se contrariaient, dit-il ; certains nuages allaient du sud au nord, d'autres du nord au sud. Les nuages du nord, qui étaient noirs et épais, donnaient une pluie torrentielle. A mesure qu'une goutte tombait sur une branche, elle s'y congelait, de sorte que toutes les branches se trouvèrent bientôt couvertes de longs glaçons de 16 à 24 centimètres de longueur. » — « Vous figurez-vous, ajoute Rosier, un chêne ou un châtaignier mesurant une surface de plus de 13 à 20 mètres, dont chaque branche ou rameau supporte au moins un poids de 3 kilogr., poids qui augmente en raison de la longueur du rameau, de la branche, et vous comprendrez qu'elles ne résistèrent pas longtemps. Au moins d'une heure et demie, tout fut fracassé et des troncs d'arbres furent partagés jusqu'à leurs racines. »

([2]) Voy. P. Guyot, *Journal météorologique,* etc.

présentait la forme d'un parallélipipède de trois pouces de diamètre en tous sens ([1]) ».

Le 27 juin 1783, à Metz, les grêlons étaient à facettes latérales très bien terminées, en général, et de forme pyramidale, quadrangulaire, pentagonale, hexagonale, ayant ensuite pour base un segment sphérique. Tous avaient une partie claire comme la glace, et l'autre d'une blancheur opaque; celle-ci était moins dure que l'autre ([2]).

Le 1er août 1791, aux environs de Briey, il tomba des grêlons de 10 lignes de diamètre, de formes diverses, dentelés, pointus d'une façon très aiguë, qui blessèrent dangereusement des animaux domestiques, accidents dont quelques-uns moururent ([3]).

Au point de vue de la grosseur et du poids, les ouvrages de météorologie citent, comme maximun, des grêlons de 500 grammes. Voici quelques exemples tirés de notre région.

Nos annales citent, en 1466, de la grêle tombée à Metz ayant la grosseur d'un œuf d'oie ; en 1479, autour de Nancy, la grosseur d'un œuf de poule ; en 1494, à Metz, celle d'une balle à jouer à la paume ; en juin dè la même année, à Liverdun, la grosseur du poing; en 1525, près de Saverne, pendant le siège de cette ville, « glace et grézils y tomboient le large d'une palme » ; à Malzéville, en 1643, grêlons mesurés de plus d'un quart de pied d'épaisseur; en 1645, le 5 juin, aux environs de Metz, « grêlons prodigieusement gros, larges comme de petites assiettes, ceps de vignes et grosses branches d'arbres coupés, toits de maisons enfoncés, porcs et autre animaux tués » ; le surlendemain, à Malzéville, grêle de la grosseur de petites écuelles ; le 3 juillet 1654, de Dieuze à Guéblange, grêle si furieuse que des hommes en furent blessés, des animaux domestiques assommés; le 20 juin 1659, les quartiers de Borny et de Vallières, dans le pays messin, virent tomber des grêlons gros comme des œufs de poule ; à Jouy et à Corny, près de Metz, il tomba, le 22 juin 1668, « des glaçons gros comme le poing » et en grande quantité ; le 6 juillet 1746, à Lunéville, grêle qui tue des bestiaux, des lièvres en quantité, des oiseaux et perce l'écorce des arbres comme auraient pu le faire des balles ; en 1790, le 29 juillet, un orage qui traverse la Lorraine, de Mirecourt à Sarrebourg, va jusqu'à Strasbourg; il fournit des grêlons pesant plusieurs onces et même une livre ; en 1880, à Vilcey-sur-Trey, la grêle était grosse comme des pièces de cinq francs ([4]).

Au moment où ce travail s'imprime, le 17 juillet 1884 à 2 heures du

---

[1] Voy. P. Guyot, *Journal météorologique*, etc...
[2] *Idem.*
[3] *Idem.*
[4] *Observations météorologiques* de 1880.

soir, un orage arrive du sud-ouest et traverse l'arrondissement de
Briey, par Audun-le-Roman. Une grêle affreuse ravage le pays ; des
grêlons pèsent jusqu'à 130 grammes. C'est par centaines que l'on
compte les oies tuées. Des personnes, dans les champs, ont été fortement blessées, contusionnées. On estime les pertes à 2 millions de
francs.

Au point de vue de la quantité et des dégâts occasionnés, citons
l'orage du 3 juillet 1654, déjà mentionné, qui ravagea une zone assez
considérable, brisa les vitres des églises et des maisons et « saccagea
les toitures » ; celui de 1708 qui ravagea plus de 100 villages dans le
Bassigny et aux confins de la Lorraine ; celui du 6 juillet 1746 qui,
venu du S.-O. butter contre les Vosges, dévia vers le N.-N.-E., marchant parallèlement à ce massif de montagnes, de Lunéville et Blà-
mont, sur huit lieues de large, jusqu'à Bitche, occasionnant des dégâts
pour plus d'un million et demi ([1]) ; celui du 16 juillet 1789 qui,
de Reims à Luxembourg, traversa le nord de la Lorraine, ravagea plus
de 100 villages, déracina et mit en pièces plus de 600 arbres fruitiers
à Autricourt (Ardennes), y enleva la plupart des toits, ainsi que la
flèche du clocher qu'il entraîna par les rues du village, occasionnant
de pareils dégâts à Amblimont ; celui du 29 juillet 1790, de Mirecourt
à Strasbourg, qui était accompagné d'une grêle effroyable et d'une
grosseur épouvantable ([2]). Ajoutons celui du 5 août 1816, qui arriva
par la vallée de Vannes et ravagea surtout l'arrondissement de Château-Salins : « Il suffit de dire que des hommes en ont été les victimes,
que le gibier et des oiseaux de toutes les espèces ont péri ; que les
toitures, les volets, les persiennes, les fenêtres des habitations ont été
brisés ; que les ouvrages en fer-blanc ont été rompus ou percés... ;
qu'il faudra trente milliers de tuiles pour remplacer celles que la
grêle a pour ainsi dire pulvérisées sur la toiture de l'hôpital civil
de Marsal. » [Lettre du sous-préfet de Château-Salins ([3]).] Enfin celui
du 29 juillet 1822 grêla 129 communes dans les Vosges et y causa une
perte de près de deux millions ([4]).

([1]) Cette déviation dans la marche des orages qui arrivent de l'ouest ou du sud-
ouest aux montagnes des Vosges, est assez fréquente ; elle a encore été observée
deux fois cette année, les 6 et 7 juillet 1883 (voir *Observ. météor.* de la Commission
de Meurthe-et-Moselle, année 1883).

([2]) La plupart des citations qui précèdent sont extraites du *Journal météorologique* de M. P. Guyot.

([3]) Voy. *Recueil administratif de la Meurthe*, année 1816, page 472.

([4]) Voy. X. Thiriat, *la vallée de Cleurie.* — Le 11 juillet 1884, dans les Vosges, se
déchaîne aussi un orage épouvantable. Il prend naissance dans l'arrondissement de
Neufchâteau, traverse celui de Mirecourt et se dirige vers la vallée de Celles. La
grêle cause d'épouvantables ravages. L'ouragan enlève la flèche de la belle église
de Mattaincourt, la brise en deux, et la pointe, en tombant sur le sol, s'y enfonce de
3 mètres. Le tonnerre tombe huit ou neuf fois sur Charmes, où l'église aussi est
endommagée.

Comme masse de grêle tombée, je signalerai l'orage du 19 mai 1863 qui traversa la chaîne des Vosges, au *col du Bonhomme*, et courut jusqu'à Cassel, en Allemagne, sur une largeur de huit lieues et un parcours de 40, soit une surface de 320 lieues carrées. Les grêlons étaient de la grosseur de petits œufs et ils étaient accumulés, en certains endroits, sur une hauteur de deux mètres. On cite aussi comme extraordinaire cet orage du 9 mai 1865 aux environs de Saint-Quentin, où la grêle tomba sur 600 mètres de large et 2 kilomètres de longueur. On estima le volume de grêle ou de glace tombée à 600,000 mètres cubes, soit donc une épaisseur moyenne de 50 centimètres.

Pour terminer, disons qu'il est des orages locaux qui naissent, se développent et meurent en quelque sorte sur la même plaine. Mais il en est d'autres qui, accompagnant les grandes perturbations atmosphériques, les grandes dépressions dont il a été parlé précédemment, parcourent de longs espaces, marchant quelquefois sur un front de cent, deux cents lieues, tel cet orage du 24 décembre 1821, pendant la messe de minuit, qui, suivant l'expression populaire, fut universel, parce qu'il fut signalé par les journaux comme ayant affecté la plus grande partie de la France et de l'Allemagne méridionale.

Les *brouillards secs*, pendant lesquels le ciel paraît gris terne, l'horizon voilé de vapeurs épaisses et sombres, et le soleil n'ayant pas plus d'éclat que la lune, sont attribués, selon M. Coulvier-Gravier, à diverses causes. Il en est de fétides, de nauséabonds, tels que ceux du mois de mai 1883, qui répandaient une odeur de soufre très prononcée et se firent sentir dans la vallée du Rhin, à Strasbourg et dans la vallée de la Saône, à Dijon, aussi bien que dans celle de la Moselle, à Metz et à Nancy. Cette variété de *brouillards secs* serait due, paraît-il, à de la fumée venant du N. ou du N.-O., c'est-à-dire de l'Allemagne ou de la Hollande, où il est d'usage de brûler des terres tourbeuses sur une grande échelle, pour amender le sol. Ainsi, celui de 1883 nous venait des environs de Hambourg, et nous était amené par des courants très modérés du N.-N.-E. Il en est d'autres qu'on attribue, suivant les lieux et les circonstances dans lesquelles ils se produisent, à du sable fin, à de la cendre microscopique, à du pollen, etc. On avait d'abord cru à des offuscations du soleil produites par des milliers de petits astres, des poussières d'astéroïdes.

On en cite assez fréquemment dans nos annales; mais le plus remarquable, par son intensité, son étendue et sa durée, est sans contredit celui de 1783, au mois de juin, qui couvrit l'Europe et même d'autres parties du monde :

« Pendant le mois de juin, il a paru par toute l'Europe un brouillard très épais qui a duré presque tout l'été; il était extraordinaire, car il

ne sentait point mauvais ; il ne mouillait point, et c'était à midi qu'il était le plus fort ; deux hommes ne se voyaient pas à un coup de fusil ; le clair du jour était olivâtre, le soleil n'était point vu pendant le jour, et à son lever et à son coucher, il était de même que la lune pendant la nuit ; il était de couleur d'un gros rouge couleur de sang ; il n'avait aucun rayon et on le regardait sans qu'il fasse la moindre peine aux yeux. Le brouillard a occasionné une grande sécheresse pendant l'été. Il s'est fait quelques nuées dans plusieurs endroits, pendant ce temps-là, qui ont fait de très grands dégâts et tué beaucoup de personnes. Les nuées ne dissipaient pas les brouillards. . . . »
[*Journal de Louis Pierson, de Pont-à-Mousson* (¹).]

La *brume* est due à des vapeurs qui, par un temps calme, s'élèvent au-dessus de l'horizon et obscurcissent l'atmosphère. On prétend que la brume résulte de ce que l'air ne contient pas assez de vapeur d'eau (²). Par la brume, le soleil n'offusque pas la vue ; le disque de cet astre et celui de la lune deviennent tantôt blanchâtres, tantôt rougeâtres.

Ainsi, en 1473, le 27 avril, on vit, au lever du soleil, cet astre tout blanc et la lune toute noire, ressemblant à un visage (³).

Débordements, inondations. — La répartition des pluies sur les continents est très variable. Certains pays, comme le Pérou, n'en ont presque jamais ; d'autres, et ils sont nombreux, n'en ont que pendant une saison de l'année. La moyenne de pluie, en Lorraine, est d'environ 0^m,780 ; à Paris, elle n'est que de 0^m,520, et en Champagne, à cause de ses plaines crayeuses, sèches et dénudées, elle n'est que d'environ 0^m,400. Mais à Bergen, en Norwège, elle va à 2^m,25 ; sous les tropiques, à 4 mètres ; à la Guadeloupe, à 7 mètres, et dans l'Hymalaya, on prétend qu'elle arrive à 17 mètres. Une forte pluie d'orage ne donne guère chez nous que 0^m,025 d'eau. Cependant on signale à Metz, au siècle dernier, le 9 mai 1785, une pluie qui, ayant duré deux heures, fournit jusqu'à trois pouces d'eau. Sous les tropiques, dans la région des calmes équatoriaux, une pluie d'orage donne fréquemment jusqu'à 0^m,080 d'eau.

Les grandes pluies, lorsqu'elles sont prolongées, causent des *débordements*. Les plus célèbres survenus en notre pays n'ont pas l'importance de ceux qu'ont souvent occasionnés les fleuves de France, la Seine, la Loire, la Garonne, le Rhône et, il n'y a pas longtemps encore, le Rhin. Néanmoins, on en a constaté en Lorraine qui ont été désastreux. Citons parmi les inondations les plus célèbres :

Celle de 1364, dans laquelle la Moselle et la Seille débordèrent et

(¹) Voy. P. Guyot, *Journal météorologique*, etc.
(²) Voy. Bouillet, *Dictionnaire*, etc.
(³) Voy. P. Guyot, *Journ. météor.*, etc.

les eaux montèrent si haut, disent les chroniqueurs, que ceux qui liront leurs récits auront peine à les croire ;

Celle de 1373, où les rivières montèrent si haut que, suivant les annalistes du temps, on n'avait jamais vu les eaux aussi grandes depuis le déluge : des villages furent complètement détruits ;

Celle de 1399, le 5 avril, où les eaux entrèrent dans Metz par la porte Mazelle : « estoient si grandes, les yawes au champ Naimmeray qu'elles montoient aux baisles des murs de la cité, par-dessus les créneaux ; »

Celle de 1500, en décembre, où les eaux étaient si hautes qu'on ne pouvait entrer dans Metz, ni en sortir : les abords étaient comme un vaste lac. On ne voyait de toute l'île du *pont des Morts*, qu'une partie de la croix avec les *louves* qui étaient sur le *Pont-aux-Loups*;

Celle de 1524, dit le *Grand Déluge*, où, au commencement de janvier, les eaux passent par-dessus les murs de Metz : dégâts immenses à Pont-à-Mousson, Saint-Nicolas, Varangéville, Thionville et Sierck. Les rivières furent si grandes « qu'on ne les avoit jamais vues si hors des rives »

Celle du 14 juillet 1652 où, après une période de sécheresse, le débordement fut tel, dit Cassien Bigot, que d'âge d'homme, « l'on n'en a vu de semblable » ;

Celle du 13 juillet 1654, où la montagne qui est aux environs de Senones s'entr'ouvrit en deux endroits sur 80 pieds de diamètre; il en sortit une masse d'eau épouvantable qui éleva en certains endroits le niveau de la Meurthe de 20 pieds au-dessus de son niveau le plus élevé. Raon-l'Étape faillit être emporté, plusieurs personnes y périrent. La veille de la catastrophe, on avait entendu un bruit souterrain qui cessait par intervalle. Ces bouches effrayantes restèrent ouvertes pendant 30 ans ; des éboulements les ont remplies ;

Celle du 4 juillet 1734, qui fut générale dans le pays, et resta célèbre. A Lunéville, la rivière charriait des pièces de bois, des débris de moulins, des coffres remplis de linge, des armoires, des porcs dans leurs réduits, un lièvre sur un tas de foin ; quantité de bestiaux furent noyés. Près de Metz, les eaux montèrent à 14 pieds au-dessus de leur niveau habituel. A Nancy, de mémoire d'homme, on n'avait vu les eaux aussi grandes ;

Celle du 16 et du 17 octobre 1740, où tous les cours d'eau de la Lorraine montèrent à une hauteur extraordinaire, emportèrent quantité de ponts et de moulins, firent de nombreuses victimes et causèrent des dégâts considérables aux salines de Dieuze et de Rosières. A Mirecourt, les eaux montèrent à plus de 10 pieds dans la rue Basse ; à Neufchâteau, dans certains quartiers, jusqu'aux chambres du premier étage. La même année, le 21 décembre, une nouvelle inondation : à Verdun, la moitié de la ville submergée ; à Ligny, l'Ornain monte à une hauteur inouïe ; à Metz, la Moselle monte jusqu'à 15 ou 16 pieds dans la partie basse de la rue du Champé ;

Celle des 25 et 26 octobre 1778, connue sous le nom tristement célèbre de *Déluge de saint Crépin*. Elle fut plus désastreuse encore que les précédentes, même que celle de 1734 : quantité de ponts détruits, de moulins et d'usines emportés, de maisons renversées, de personnes noyées. A Épinal, 52 habitations emportées ; à Thionville, pour préserver la ville d'une destruction, il fallut rompre le pont à coups de canon ; à Trèves, 500 personnes périrent. Voici quelques cotes de la Moselle : à Épinal, 12 pieds au-dessus de l'étiage ; à Pont-Saint-Vincent, 11 pieds ; au pont de Toul, 13 pieds 9 pouces ; à celui de Frouard, 14 pieds ; à celui de Pont-à-Mousson, 9 pouces au-dessous de la clef de l'arche du milieu ; à Pontiffroy, près de Metz, 16 pieds ; au pont de Thionville, 17 pieds ; à Sierck, 20 pieds ; au pont de Trèves, 30 pieds ; à Philport, entre Trèves et Coblentz, 31 pieds 6 pouces ; enfin, au pont de Coblentz, 32 pieds 6 pouces [1].

Je citerai, pour terminer ce tableau, l'inondation si prompte, si subite du 29 octobre 1834 à Nancy, où les eaux montèrent tout à coup et envahirent les faubourgs Saint-Georges, Sainte-Catherine et Notre-Dame. Les habitants de ces quartiers eurent à peine le temps de sauver quelques effets déposés au rez-de-chaussée de leurs habitations [2].

Grandes neiges. — Les grandes chutes de neige sont amenées par le *courant boréal* accompagné de quelques-unes de ces grandes perturbations dont j'ai parlé. Notre plateau de Lorraine a quelquefois reçu des couches épaisses de neige ; la moyenne de hauteur de celle-ci est 0^m,50 ; mais il arrive dans ce cas que souvent le vent pousse la neige, l'accumule dans les dépressions du sol, dans les couverts, surtout dans les villages, notamment devant les maisons, à tel point que souvent il a fallu faire des *tunnels* pour communiquer d'une habitation à la voisine. Mais c'est surtout dans la partie montagneuse du pays, dans les Vosges, dans certaines vallées, que les neiges se trouvent parfois accumulées à une grande hauteur et que les habitations y disparaissent complètement.

On cite dans nos annales, sous le nom d'*hiver des grandes neiges,* celui de 1490-1491, qui dura de la Toussaint au 30 janvier. Les loups et autres bêtes sauvages venaient jusque dans Metz. A la fonte des neiges

---

[1] Voy. P. Guyot, *Journ. météor.*, etc. pour ces différentes citations ; ainsi que H. Lepage, *Recherches*, etc., pour quelques-unes.

[2] Voy. H. Lepage, *Statistique du département de la Meurthe.* On trouvera ensuite à la fin de ce travail un tableau complémentaire des inondations partielles du pays produites par des orages, des trombes.

et à la débâcle des glaces, il y eut de nombreux désastres le long de la Moselle ; à Pont-à-Mousson, quantité de maisons écroulées.

En 1442, du 25 novembre au 5 janvier suivant, on avait vu l'une des couches de neige les plus épaisses qu'il y ait jamais eu en notre pays ; elle avait 3 pieds d'épaisseur dans certains endroits et jusqu'à 6 pieds dans d'autres.

On signale en outre l'hiver de 1716, qui fut presque aussi froid que celui de 1709, et qui amena une couche de neige si épaisse que de mémoire d'homme on n'en avait tant vu.

En 1768-1769, il en tomba tant que les coquetiers de Lunéville ne purent revenir de Bruyères, on dut faire déblayer les routes (¹).

L'hiver de 1784-1785 fut particulièrement célèbre dans les Vosges à ce point de vue. M. Thiriat, de Gérardmer, cite, à ce sujet, un épisode caractéristique : « Les rochers, les arbres et un grand nombre de maisons furent enfouis. On fut obligé de pratiquer des tunnels, des ouvertures vis-à-vis des portes et des fenêtres. La neige s'étant durcie, on pratiquait un escalier depuis le seuil de la maison jusqu'au sommet de la couche de neige. Les pauvres gens, obligés d'aller au bois en forêt pour se chauffer, élaguaient la cime des sapins, seule partie qui fût découverte. On raconte qu'un bûcheron nommé *Colon Bienfète*, qui habitait une cabane au milieu du bois de *Sapé*, commune de Cleurie, revenant un jour de la forêt où il avait été faire du charbon, ne put retrouver sa maison. — Où diable est ma baraque? disait-il, en furetant dans la neige, au lieu où il la croyait placée. Tout à coup, la neige lui manqua sous les pieds, et il tomba dans sa cuisine par la cheminée. Sa femme était occupée à faire des beignets et fut, comme on peut le penser, fort étonnée de voir son homme tomber devant le feu, au milieu d'une avalanche de neige (²) ».

VI.

MÉTÉORES ÉLECTRIQUES.

Foudre, éclair, tonnerre, feux Saint-Elme, aurores boréales.

Foudre, éclair, tonnerre. — Le plus intéressant et en même temps le plus terrible des météores électriques, c'est *la foudre* et, comme conséquence, *l'éclair* et *le tonnerre.* L'étincelle qui se produit entre deux nuages chargés d'électricité de nom contraire, ou entre un nuage et le sol se trouvant dans ces mêmes conditions, c'est *le tonnerre.* Cette étincelle répand une vive lumière en traversant l'atmos-

---

(¹) Voy. P. Guyot, *Journ. météor.*, etc.
(²) Voy. X. Thiriat, *la Vallée de Cleurie.*

phère, c'est *l'éclair*. Elle déchire l'air et la détonation qui y succède, résultat de l'ébranlement de l'air, c'est *le tonnerre*. Ce phénomène a lieu toutes les fois que la résistance de l'air est vaincue par l'effort fait par les deux électricités différentes pour se réunir.

Par suite des attractions électriques, *la foudre* tombe plus souvent sur les objets les plus rapprochés des nuages, comme les pointes des rochers, le sommet des monuments, des clochers, des arbres, etc. Combien de malheureux ont payé de leur vie l'imprudence de se placer sous des arbres, surtout en rase campagne, de sonner les cloches au moment des orages, ce qui se pratiquait généralement autrefois, et ce qui a encore lieu aujourd'hui sur quelques points du pays avant l'orage!

Le spectacle de l'orage, surtout de la foudre qui tombe, a quelque chose de grandiose, de terrible, bien fait pour émouvoir. Cependant il n'y a pas lieu, en prenant des précautions, de se laisser aller à des craintes exagérées. Arago prétend que dans une ville, il n'y a pas plus de chance d'être foudroyé que tué par la chute d'une persienne, d'une cheminée, voire même d'un couvreur. Dans la maison, il faut s'éloigner des corps métalliques et du voisinage des cheminées. On prétend que les résineux, les hêtres préservent de la foudre : il n'en est rien. On peut constater dans les Vosges quantité de sapins foudroyés, ainsi que chez nous des hêtres.

Les *effets mécaniques* de la foudre sont parfois bizarres et terribles : elle brise la pierre, les plus fortes pièces de bois, fend, tord les arbres et ébranle les monuments les plus solides. Arago cite un mur de briques, du poids de 26,000 kilogr., arraché de ses fondements, soulevé et transporté à deux mètres de distance.

Le 23 janvier 1641, dans un orage qui éclata à Metz, le tonnerre tomba sur le clocher du village de Vry, fondit les cloches « avec bruits et tintamares estranges » ([1]).

Le 14 décembre 1754, à sept heures du matin, la foudre tomba sur le clocher de l'église de Saint-Aubin, entre Ligny et Void, dans la Meuse : les murs de l'église en furent ébranlés et entr'ouverts, la couverture enlevée, les angles de la tour abattus, la charpente supportant la grosse cloche, brisée. Celle-ci tomba sur la seconde et la cassa ; des matériaux enlevés furent projetés au loin ; quelques-uns, du poids de quatre-vingts livres, furent jetés sur la nef ou allèrent enfoncer les toitures voisines([2]).

L'année suivante, la foudre tomba à Verdun sur l'une des églises et

---

([1]) Voy. P. Guyot, *Journal*, etc.
([2]) Voy. P. Guyot, *Journal*, etc.

les trois cloches qui pesaient ensemble 24,000 kilogr., fondirent dans l'incendie comme dans un creuset [1].

Les *effets chimiques* sont souvent les plus singuliers : on a vu la foudre convertir une chaîne de fer en barre, souder des pièces de monnaie dans la poche sans toucher à la doublure, fondre les coulants d'une chaîne d'or pour aller les souder en perles sur la boucle des souliers. Lorsque la foudre tombe sur un sol siliceux et s'y enfonce, elle fond le sable sur son passage, forme un tube appelé *fulgurite*, parfois ramifié à sa partie inférieure. Elle fait souvent gâter, dans le voisinage des lieux qu'elle frappe, le vin, la bière, les liqueurs, les viandes, les conserves alimentaires, etc. [2].

Les *effets physiologiques* sont encore plus curieux et plus redoutables. On sait que la foudre cause fréquemment la mort ou paralyse les êtres organisés qu'elle frappe. On a vu des personnes atteintes, épilées complètement; d'autres ayant leurs vêtements tout déchiquetés, les chaussures découvertes, la doublure brûlée et l'étoffe intacte. Sur le corps de quelques victimes, on a vu, par suite de tatouage, l'image très distincte des objets placés dans le voisinage au moment de l'explosion [3].

Le dimanche 11 mai 1851, vers sept heures du soir, un orage d'une violence inouïe éclate sur Germiny pendant la prière faite à l'église. Une quarantaine de personnes, à la fin de l'office, vont se presser derrière la porte sous le clocher pour sortir. La foudre éclate d'une façon formidable, tombe sur le clocher, brise les vitraux de l'église et les fenêtres d'une douzaine de maisons voisines. Elle vient tomber au milieu de la foule, ne cause toutefois à douze ou quinze personnes qu'elle atteint, que des accidents peu graves ; mais l'abbé Conteaux qui se trouvait au milieu de ses paroissiens est foudroyé, couché sur le pavé et complètement déshabillé, à tel point que l'un des témoins de ce terrible spectacle, une fois la poussière et la fumée dissipées, voyant a ses pieds ce corps inanimé qu'il ne reconnaît point, croit que la foudre a jeté devant lui une des statues de pierre de l'église. On emporte le vénérable ecclésiastique dans une couverture, et quelque temps après, il reprend ses sens. Il lui resta toutefois un peu de paralysie jusqu'à la fin de ses jours.

Le 4 juin 1882, à Chantebeux, un homme réfugié sous un peuplier fut aussi foudroyé. Ses vêtements étaient éparpillées à 10 mètres de là.

---

[1] Voy. Malte-Brun, *les Jeunes Voyageurs en France.*
[2] Voy. Laurencin, *la Pluie et le beau temps.*
[3] Voy. Laurencin, *la Pluie et le beau temps.*

Vers 1830, un bûcheron de Crépey travaillait à la forêt, quand, un
orage éclatant, il va s'abriter sous un hêtre et range son fils, enfant
de dix ans, devant lui sous sa blouse. La foudre frappe l'arbre et le
père, elle épargne l'enfant.

Selon M. Coulvier-Gravier, l'éclair peut se manifester sous un grand
nombre de formes. Parmi celles qui descendent sur le sol, il en est
qui ont la forme de *flèches,* de *boules ;* d'autres qui se bifurquent, qui
viennent frapper le sol en *losanges,* ou en décrivant des *zigzags* dont
la direction générale est horizontale. Ces dernières peuvent, du même
coup de foudre, frapper plusieurs points sur le sol (voir fig. VI). C'est
probablement à un phénomène analogue qu'on doit rapporter le fait
suivant :

Le 31 décembre 1778, eut lieu à Metz, un orage extraordinaire et
dans des circonstances singulières. Il se produisit une explosion terrible et, du même coup, le tonnerre tomba en plusieurs endroits de la
ville, notamment sur la toiture de la cathédrale (¹).

Les éclairs terminés en boule donnent sans doute naissance à la
foudre qui se présente sous l'aspect d'un *globe*. Dans ce cas, elle
tombe, roule sur le sol, traverse parfois les appartements et finit souvent par une explosion formidable. Elle peut effleurer les pieds et la
figure, sans faire grand mal. Une personne d'Allain était un jour à couvert sous un arbre dans la forêt, sur le bord d'un chemin, quand la
foudre tomba sur un chêne voisin et vint rouler vers elle sous forme
de globe. Celle-ci n'eut que le temps de se jeter de côté pour laisser
passer cet incommode visiteur.

On a signalé récemment la foudre sous l'aspect globulaire à Aboncourt, le 3 juin 1881, et à Bouxières-sous-Froidmont le 6 juillet suivant.

Voici la relation un peu abrégée d'un coup de foudre singulier, tout
extraordinaire même, qui se produisit sous forme de *lance de feu* et de
boule le 11 juillet 1739, à Lunéville, au domicile d'un sieur Gautier, ingé-
nieur, professeur de mathématiques des cadets et des pages du roi et
de la reine de Pologne. C'est le sieur Gautier qui, dans une lettre, en
fait le récit à Dom Calmet :

Le tonnerre tomba sur la maison en question et pénétra dans une
chambre où se trouvaient ensemble la femme et la fille dudit Gautier
« en pettant aussi fort qu'un coup de canon ». Il fendit des pierres,
les projeta dans la chambre ; en même temps, il enleva un coffre et le
jeta sur le dos de la jeune fille, puis il enflamma le bras de l'épouse
dudit Gautier.... La fille, tout épouvantée, se sauva dans un coin de la
chambre..... « et ayant aperçu que la lance de feu l'avait suivie, elle

---

(¹) Voy. P. Guyot, *Journal*, etc.

prit le rideau du lit pour se cacher, ce qui occasionna un petit vent qui fit rebrousser chemin à la lance, se promena trois tours au-dessus de la tête de la mère qui était assise et comme immobile alors. La jeune fille eut la fermeté d'examiner la figure de ce tonnerre : elle remarqua que la queue de cette lance était en feu étincelant, de la longueur de deux pieds et demi, le bout ayant trois pointes de feu supérieur de ceux des côtés. Au gros bout était jointe une boule de couleur noire et en partie grisâtre ayant environ un pied de diamètre, laquelle suivait cette lance de feu qui, après s'être promenée en l'air assez lentement, retourna au même mur qu'elle avait fracassé et s'engagea dans des habits qui étaient pendus au porte-manteau où elle roussit et brûla en partie un juste-au-corps neuf, une veste d'écarlate, ayant en partie fondu le galon d'argent qui était dessus, sans avoir brûlé la soie ; de plus elle brûla et roussit deux robes de chambre dudit Gautier et sa femme, y ayant fait trois trous aussi grands que la boule a paru être grosse, après quoi elle s'est attachée à vouloir percer le mur. N'ayant pu le pénétrer, elle n'a fait qu'un petit trou gros comme le doigt et à un demi-pied au-dessous de ce deuxième, elle a trouvé un joint de mortier, entre deux pierres, large de trois doigts et épais d'un, où elle a percé le mur épais d'un pied et demi. Alors cette boule pleine de soufre et d'autres matières, a dû perdre sa forme pour sa longueur et suivre la lance qui était son guide inséparable. Ce qui l'a obligée, par force, de crever en pettant comme un coup de canon, en même temps la chambre fut remplie de fumée et d'odeur de soufre. En ce moment, les deux victimes crurent mourir.... Enfin, pour revenir, le tonnerre ayant passé dans la cheminée voisine sans faire de mal, est monté par la cheminée, ensuite est tombé dans la rivière où il s'est consumé (1). »

Il n'y a pas que la décharge directe qui foudroie ; on peut être atteint, frappé mortellement par le *choc en retour* qui se produit à une certaine distance de l'objet directement frappé. Cette secousse est le résultat de l'action par influence qu'exerce le nuage orageux sur les corps placés dans sa sphère d'action. Ce phénomène a lieu assez souvent, seulement il fait moins de victimes que la décharge directe.

L'été dernier, un cantonnier sur la route de Toul à Vézelise, territoire de Thuilley, fut ainsi frappé dans une gorge, entre deux côtes élevées, couronnées de forêts, au tournant de la route, au moment où il travaillait de la pioche sur l'accotement. Il se trouva renversé sur le sol, y resta près de trois quarts d'heure et en fut quitte pour une

---

(1) Voy. P. Guyot, *Journal*, etc.

surdité qui dura un mois et une paralysie qui, pour être aujourd'hui moins forte, n'en persiste pas moins.

Feux Saint-Elme. — Les *feux Saint-Elme* sont des météores électriques qui se manifestent en temps d'orage sous forme d'aigrettes lumineuses, se produisent aux extrémités des pointes, comme le haut des mâts des navires, des arbres, la pointe des clochers, des lances, des bayonnettes. Ce n'est que la nuit qu'il est possible de remarquer ces curieux phénomènes électriques.

On en a observé de tout temps. M. Louis Figuier, dans son ouvrage *les Merveilles de la Science*, en cite de nombreux exemples que je me dispense de rapporter. Sur mer, c'est le présage de la fin de l'orage, ou de la tempête.

Il se produit chez nous, aussi bien qu'ailleurs ; en voici un exemple : En 1868, un cultivateur d'Allain revenait un soir d'octobre de Toul, avec une voiture chargée de sacs. L'orage et la grêle le surprennent à la hauteur de Bagneux. Aussitôt la bourrasque passée, il s'aperçoit avec surprise d'abord, puis bientôt avec une sorte de terreur (il passait précisément en un lieu réputé avoir été hanté autrefois par les esprits : *à la Croix-de-Prave*), que l'extrémité des oreilles de ses chevaux, des colliers, de tout ce qui forme pointe ou saillie, brille d'aigrettes lumineuses. Il descend de sa voiture : les bras, la corne des sacs brillent ; le manche du fouet ressemble à un flambeau allumé.... Il se hâte d'arriver chez lui, fait rentrer l'équipage par son domestique et bien que le météore ait cessé depuis l'entrée au village, il court se coucher pour se débarrasser de ces flammes que son imagination lui fait encore entrevoir. Ce phénomène se produisit aussi, à la suite du même orage, sur plusieurs points de la route de Neufchâteau à Nancy, à partir de Thuilley, notamment du côté de Maizières et de Pont-Saint-Vincent.

Aurores boréales. — Ce sont des phénomènes *électriques* et *magnétiques*. Ils sont *électriques*, puisqu'ils agissent sur les fils télégraphiques à la façon des piles ; témoin, en Amérique, ces deux employés qui purent, sans l'action de leurs piles, utiliser le courant produit par un de ces météores, et correspondre entre eux un certain temps. Ils sont de l'ordre *magnétique*, puisqu'ils ont une action puissante sur l'aiguille aimantée, non seulement quand ils sont en vue, mais encore lorsqu'ils sont invisibles par une cause quelconque. Ils sont encore, paraîtrait-il, de l'ordre *astronomique*, obéissant, dans leur ordre successif, aux cycles du soleil.

Les aurores boréales sont extrêmement fréquentes dans les régions polaires, puisque la commission française envoyée au pôle nord, en 1839-1840, en observa, dans sa station par 70° de latitude, jusqu'à 153 dans l'espace de 206 jours, soit trois chaque quatre jours.

En moyenne, en Lorraine, nous n'en observons pas une par année. On a remarqué des périodes d'années où ce phénomène a fait défaut, comme en certaines années on a pu en observer deux, trois, quatre et même plus. M. P. Guyot, qui a fait un relevé manuscrit aussi complet que possible de ces curieux météores, pour la période de 1762 à 1872, en compte 75. Il en signale quatre en 1786, en 1859 et en 1872, et six en 1778 ; il en a même relevé jusqu'à 23 dans la seule année 1779. Voici la description faite, par nos annalistes, de deux aurores boréales aperçues au xv⁰ siècle: Vers le 1ᵉʳ octobre et le 1ᵉʳ novembre furent « vens aulcuns merveilleux signes comme grands brandons de feu de la longueur de quatre toises et de grosseur comme d'ung pied, et dura en l'air la moitié de demey quart d'heure et fut veu par deux fois..... »

Les plus belles aurores boréales observées en notre pays sont, dans ces derniers temps, celles du 22 octobre 1839 qui dura une heure et demie et fut décrite par M. de Haldat ; puis celle du dimanche 4 février 1872 qui fut aperçue dans toute l'Europe et même jusqu'en Afrique. Ce fut peut-être la plus brillante observée depuis un siècle ; elle dura la plus grande partie de la soirée. On remarqua la coïncidence de ce phénomène avec le tremblement de terre qui affecta à cette époque l'Amérique et l'Espagne. Ce n'est pas, du reste, le seul cas où l'on ait remarqué pareille coïncidence.

VII.

MÉTÉORES LUMINEUX

Arc-en-ciel ; couronnes ; halos ; cercles parhéliques, anthéliques mirage ; apothéose ; colonnes.

Arc-en-ciel. — Le plus fréquent des météores lumineux est *l'arc-en-ciel*, appelé dans nos campagnes de différents noms : à Allain et aux environs, *couronne de Saint-Gérard;* dans les Vosges, *couronne de Saint-Luna.* Il apparaît dans les nuées qui se résolvent en pluie et toujours du côté opposé au soleil. Quelquefois on n'en remarque qu'un seul, c'est qu'il est faible ; le plus souvent on en voit deux, plus rarement trois. Ce météore est dû à la réfraction des rayons du soleil dans les gouttes d'eau qui tombent. Le même phénomène peut se produire par l'effet de la lune ; mais les *arcs-en-ciel lunaires* sont peu fréquents : les deux derniers observés sont ceux du 29 décembre 1868, en une nuit de pleine lune, et celui du 18 octobre 1883, très brillant, aperçu d'Allain et de Colombey dans la direction de l'Ouest à 8 heures du soir. M. P. Guyot, dans son *Journal météorologique,* en signale deux autres :

l'un observé à Toul, en 1769, et l'autre à Metz, le 13 mai 1786, formé
d'un seul arc, d'une coloration assez pâle, mais d'une teinte blanchâtre bien dessinée et égale dans toute sa largeur.

Couronnes. — *Les couronnes* sont des cercles irisés, souvent assez pâles, parfois très colorés, qu'on aperçoit autour et tout près du
soleil et de la lune. Dans ce cas, le violet est en dedans et le rouge en
dehors. Ce phénomène se produit lorsque les deux astres sont voilés
par des vapeurs, de légers brouillards, des nuages transparents.

Le 3 mars 1884, vers huit heures du soir, plusieurs couronnes se
sont ainsi montrées autour de la lune et ont été observées d'Allain.
Elles étaient très brillantes : la première, la plus rapprochée de la lune,
se trouvait à une distance de cet astre évaluée à 2 degrés ; la dernière,
la plus éloignée de l'astre, se montrait sous un angle de 10 à 12
degrés. Les diverses couronnes, au nombre de quatre, étaient concentriques et très rapprochées les unes des autres : elles offraient un spectacle curieux, un météore lumineux très brillant.

Pendant la nuit, si l'on s'éveille et qu'on allume une bougie, on
aperçoit fréquemment autour de la flamme une couronne irisée, co-
lorée, due, à ce qu'il paraît, à la présence dans l'œil de petits globules de sang ou à des stries de la conjonctive (Bouillet).

Halos. — Il est d'autres cercles irisés, souvent aussi brillants
qu'un bel arc-en-ciel, mais dans lesquels l'ordre des couleurs est inverse. Ils se produisent dans un ciel nuageux ou nébuleux et sont assez fréquents. De ces cercles, les uns sont concentriques au soleil et
vus sous un angle de 23 ou de 46 degrés ; d'autres sont tangents
aux précédents. La figure VII présente l'image d'un *halo assez complet ;*
mais il est extrêmement rare de l'apercevoir avec ce développement.
Il ne nous apparaît le plus souvent que sous forme de cercles isolés
ou même de portions de ces cercles ou des arcs tangents (voir
fig. VIII).

La lune peut donner lieu à des phénomènes analogues, ainsi qu'on
l'a constaté quelquefois et que je l'ai remarqué le 2 mai 1882. Ces météores lumineux sont dus à la décomposition des rayons solaires et
lunaires à travers de petits prismes de glace en forme d'aiguilles, dans
certains nuages des régions supérieures.

Cercles parhéliques, parhélies, anthélie, parasélène. — On donne
le nom de *cercle parhélique* à une bande blanche A B passant par le
soleil, d'une largeur égale au disque de cet astre, allant, à la façon
d'un diamètre, couper le halo et se prolonger au delà. Si le *halo* est
simple, à la rencontre de celui-ci et du cercle parhélique se produisent deux images du soleil appelées *parhélie* S S, quelquefois pâles,
mais parfois aussi très brillantes. Si l'image du soleil apparaît sur le

cercle parhélique à un point diamétralement opposé au soleil, on lui donne le nom d'*anthélie (faux soleil)*. La lune peut fournir le même phénomène, mais très rarement; on donne à l'image de la lune le nom de *parasélène*. Ces curieux phénomènes sont dus aux mêmes causes que les *halos*.

Les annales messines nous signalent quelques particularités de ce genre. Ainsi, en 1477, au commencement de juillet, on vit à Metz *deux soleils*, ce qui, dit le chroniqueur, remplit plusieurs personnes d'admiration. Mais sans remonter si haut, mentionnons les phénomènes analogues observés de notre temps : A Lorquin, le 8 février 1853, M. le Dr Marchal aperçut ainsi trois images du soleil, spectacle rare qui dura jusqu'au coucher du soleil et qui se produisit encore le lendemain, au lever de cet astre. Le 11 février 1873, à 4 heures et demie du soir, même phénomène, ainsi que le 18 juin 1873, à 7 h. 45 du soir où l'image du soleil fut si resplendissante qu'il était impossible de distinguer le vrai soleil du faux. Enfin, le 30 avril 1871, vers 4 heures et demie du soir, l'un de mes élèves remarqua aussi un pseudo-soleil, assez brillant pour fatiguer la vue au bout de quelques instants d'observation.

Mirage. — Le *mirage* est fréquent dans les pays chauds, surtout dans les plaines sablonneuses de l'Égypte ; chez nous, il est assez rare ; je n'en puis citer qu'un exemple fourni par M. le Dr Marchal, de Lorquin, à la date du 11 octobre 1857, et remarqué entre Foulcrey et Saint-Georges (arrondissement de Sarrebourg), dans un vallon au fond duquel se trouve une prairie longée par un ruisseau bordé de saules. Le brouillard occupait le fond du vallon et les saules émergeaient au-dessus du brouillard qui paraissait être une vaste pièce d'eau, dans laquelle les têtes de ces arbres se réfléchissaient et apparaissaient renversées comme à la surface d'un étang. L'illusion était telle et l'image des saules renversés d'une telle pureté, que le docteur se dirigea vers les saules pour s'assurer que le phénomène était réellement produit par le brouillard, et que le pied des saules ne baignait pas dans l'eau.

Le mirage est dû à la raréfaction inégale des couches de l'air et par suite à la réfraction inégale des rayons de lumière.

Apothéose. — Il est encore un autre météore lumineux qui se produit assez rarement, il est vrai, aux yeux d'un observateur placé sur une éminence et qui, le dos tourné au soleil et ayant devant soi un nuage ou du brouillard, voit son ombre projetée sur le brouillard, la tête environnée d'une couronne irisée. M. de Humbold, accompagné de deux amis, se trouvant un jour sur le Chimboraço, en Amérique, fut témoin de ce spectacle qui émerveillait fort ses compagnons de voyage, apercevant dans les nuages trois spectres énormes, entourés de bandes colorées. Le savant allemand, pour ajouter à l'intérêt du

spectacle, salue du chapeau; le *sosie* répète le geste du physicien.
Mais il n'est pas nécessaire d'aller jusqu'en Amérique pour jouir de ce
phénomène singulier; les aéronautes en sont fréquemment témoins,
comme M. Tissandier, le 8 juin 1872, dans son ascension à Paris, qui
vit son ballon, dans ses moindres détails, parfaitement dessiné en
noir et entouré d'une couronne elliptique. Les silhouettes des aéronautes ressortaient parfaitement et répétaient tous les gestes. Le même
phénomène a lieu fréquemment en Hanovre, sur le mont *Brocken*, où
il est connu sous le nom de *Spectre de Brocken :* il a autrefois beaucoup ému les populations environnantes. On peut être témoin d'un
spectacle analogue aux précédents sur les points culminants des Vosges, au *Donon*, au *Hoheneck*, etc.

Colonnes. — M. Coulvier-Gravier signale d'autres phénomènes lumineux que l'on peut apercevoir autour du soleil et de la lune, principalement au moment du lever et du coucher de ces deux astres;
il les désigne sous le nom de *colonnes* (voir fig. IX). Un jeune homme
d'Allain, J. L., aussi curieux observateur des phénomènes céles-
tes que chercheur infatigable de silex et des curiosités naturelles
des *trous de Sainte-Reine*, près de Pierre-la-Treiche([1]), m'a affirmé
avoir déjà remarqué deux fois ce phénomène. La dernière fois, c'était
au printemps de 1883, autour de la lune, vers 9 heures du soir: l'é-
poque n'a pu m'être autrement précisée. On peut apercevoir ce même
phénomène dans un *halo*, les *colonnes* se trouvent alors plus allon-
gées.

N'y aurait-il pas quelque rapport, exagération populaire à part, entre ce phénomène des *colonnes* et le fait suivant rapporté par l'un de
nos chroniqueurs: En 1525, le jour du combat près de Chenonville
(pendant la guerre des Rustauds), « les Lutheriens avoient affutez leurs
batons à feu..... à raison de quoi s'ensuit une chose merveilleuse et
digne de mémoire, car plus de cinq cents lansquenetz firent rapport par attestation solennelle aux princes et chiefs de l'armez, qu'ils
avoient veu Notre-Seigneur en l'arbre de la croix tout au plus près du
soleil, bien par l'espace d'une grande demey heure..... ; plus tard l'auteur fut adverti que plusieurs gens en divers lieu avoient veu environ
les dix heures devant midy et après, ledit crucifix rouge comme tout
ensanglanté et deux lances de costé et d'autre auprès du soleil.... ([2]). »

Terminons ce chapitre en citant encore les faits suivants : « Le 14
juillet 930 fut veu en certaine région de France, depuis le commence-

---

([1]) Voy. Bull. de la Soc. de géogr. : *Excursion de Nancy au mont Saint-Michel*,
année 1883.

([2]) Voy. P. Guyot, *Journal météorologique*, etc.

ment du jour jusque au soir, des combats fort cruels empreintz au ciel, et le mois en suivant, les Hongrois Sarrazins passèrent par Allemagne et Australie en France (¹). »

Vers le 1ᵉʳ octobre et 1ᵉʳ novembre 1462, à Metz... « aulcuns racontoient avoir veu en l'air, de nuyt comme bataille de gens et avoir oy grand noise et grand bruyt » (²).

Enfin, je signale, d'après les Dominicains de Colmar, les faits suivants, sans commentaire, ne sachant à quel phénomène d'optique météorologique ils se rapportent : En 1253, le soleil paraissait fendu, et en 1254, on faisait la même remarque sur la lune (³). En 1884, le 25 avril, pendant un quart d'heure, avant le coucher du soleil, par un ciel brumeux, mais sans nuage, le disque de cet astre présenta une grosse tache noire, du diamètre apparent d'une pièce de 10 centimes.

VIII.

MÉTÉORES ASTRONOMIQUES.

Étoiles filantes ; bolides ; aérolithes ; pluie de pierres.

Étoiles filantes. — Les étoiles filantes sont des points brillants, d'un éclat à peu près égal à celui des autres étoiles. Elles apparaissent dans le ciel pendant les nuits où le ciel est pur, décrivant une trajectoire plus ou moins étendue, plus ou moins courbe, après quoi elles disparaissent. Il n'est pas de nuit étoilée où l'on n'en remarque au moins quelques-unes. Mais c'est surtout vers le 2 janvier, le 20 avril, le 10 août, le 13 novembre et le 12 décembre qu'elles apparaissent en plus grande quantité. A ces diverses époques, c'est quelquefois un essaim, une vraie pluie d'étoiles filantes, témoin cette nuit de novembre, vers deux heures du matin, où les jeunes gens d'un village voisin d'Allain, sortant du bal de la fête de Saint-Martin (11 novembre), aperçurent une telle quantité d'étoiles filantes qu'ils prirent peur, et que chacun s'enfuit chez soi, les plus effrayés tendant le dos.

Il est de ces essaims formant, paraît-il, des anneaux fermés que la terre met plusieurs jours à traverser. On attribue ces étoiles à des myriades de corpuscules qui circulent ainsi dans l'espace, et quand la terre vient à passer dans l'orbite de ces astéroïdes, ceux-ci s'enflamment au contact de l'atmosphère, et produisent ces pluies d'étoiles filantes que je viens de citer.

(¹) Voy. *Le Promptuaire de Germiny.*
(²) Voy. P. Guyot, *Journal*, etc.
(³) Voy. *Annales de la Soc. d'émul. des Vosges: Détails météorologiques,* par M. Bardy. Année 1865.

Bolides. — Les bolides sont des astéroïdes qui traversent l'atmosphère à la façon des étoiles filantes ; mais ils s'approchent davantage de notre planète par suite de leur densité et surtout de l'attraction terrestre qui s'exerce sur eux. Le noyau en est parfois très apparent et il peut présenter à nos yeux un disque égal à celui du soleil ou à celui de la pleine lune ; l'éclat en est variable : tantôt il est comparable à celui de la lune, tantôt il est insoutenable comme celui du bolide du 17 octobre 1846.

Dans son trajet, il laisse derrière lui une trainée lumineuse, irisée, et quand le météore arrive au terme apparent ou réel de sa course, souvent il se divise, éclate même avec une détonation égale à celle du tonnerre : tel, dans la vallée de Cleurie (Vosges), celui de l'hiver de 1844 cité par M. X. Thiriat : ce météore fut accompagné d'un bruit formidable qui jeta la terreur parmi les populations du voisinage. On croit que ces bolides ont la même origine que les étoiles filantes.

On en signale qui, dans leur course, ont décrit des lignes sinueuses, même des crochets. Ils sont fréquents, car nos annales en citent de nombreux exemples chaque année. Il serait fastidieux d'en faire la nomenclature ; je me bornerai à indiquer ceux qui, pendant les fêtes de la Pentecôte dernière, se produisirent pendant trois nuits presque consécutives :

Le premier eut lieu le 13 mai, à 8 heures quinze minutes du soir ; je l'aperçus d'Allain se dirigeant du S. 1/4 S.-O. au N. 1/4 N.-E. Après une course de quatre à cinq secondes, il se divisa sans bruit et lança de tous côtés des fragments lumineux. Son disque avait le diamètre et l'éclat de la pleine lune.

Le lendemain, à 9 heures du soir, un autre bolide se montrait dans le ciel, du côté opposé ; il marchait en sens inverse du précédent.

Enfin, le 17 mai suivant, de 9 heures du soir à 9 heures et demie, trois autres bolides furent vus des hauteurs situées entre Viterne et Thuilley, dans la direction du sud ; le premier avait à peu près le disque et l'éclat de celui du 13 mai.

Ces phénomènes ont été de tout temps et sont encore aujourd'hui, de la part de certaines personnes, l'objet d'une crainte superstitieuse ; on les désignait autrefois sous le nom de *dragons volants*. Voici, au sujet de cette crainte, une anecdote que je tiens de celui qui en fut le héros :

C'était en décembre de l'année 1840, époque où le bruit de la fin du monde avait couru, comme il court encore aujourd'hui pour 1886. Un batteur en grange se lève une nuit, à deux heures du matin, pour aller à son travail. Pendant qu'il s'habille, un bolide très brillant passe à ses yeux devant la fenêtre et éclate. La terrible prédiction revient à l'esprit de l'ouvrier ; la peur le prend, vite il remonte au lit, se cache sous les draps, attendant le cataclysme qui devait mettre fin à notre planète ; mais, comme en *l'an mil*, en *l'an quarante* (1740), il se fit quelque peu attendre, car il est encore à venir.

Aérolithes, pluies de pierres. — Les aérolithes ou *pierres tombées du ciel*, ne sont autre chose que des bolides attirés par notre planète et qui tombent sur le sol. Ce sont en conséquence des astéroïdes qui se meuvent autour du soleil, obéissant aux lois de la gravitation. Ces pierres ont pour base le fer uni à d'autres métaux ou métalloïdes, formant des combinaisons différentes de celles qu'on trouve généralement dans notre sol.

L'un des plus volumineux, des plus lourds de ces aérolithes est celui qui tomba en 1492 près d'Ensisheim (Alsace) et qui pèse près de 300 livres. Le plus célèbre est celui que l'on conserve à Saint-Pétersbourg et qui est connu sous le nom de *Fer de Pallas*. Il en est tombé un dans les Vosges, le 5 décembre 1842. Mais l'un des plus intéressants des météores de ce genre est sans contredit celui qui se produisit en Normandie, le 26 avril 1803, près de l'Aigle (Orne) et qui fut l'objet d'une enquête de la part de l'*Académie des Sciences*. Il tomba ce jour-là une telle quantité de pierres sur un espace de deux lieues et demie, que les gens travaillant aux champs se crurent arrivés à leur dernier jour : on trouva de ces pierres, tant grosses que petites, plus de deux mille, la plus grosse pesant huit kilogrammes et demi ; elles étaient chaudes encore lorsqu'on les ramassa. Le phénomène se produisit par un jour à peu près serein et fut précédé d'une explosion formidable qui dura cinq ou six minutes. La détonation ressemblait à celle de plusieurs coups de canon tirés à peu de distance et elle fut suivie d'une espèce de décharge, semblable à une fusillade et terminée par un épouvantable roulement qu'on eût pris pour celui de tous les tambours d'une armée. Ce bruit effroyable fut entendu sur un diamètre de trente lieues, ce qui prouve la grande hauteur où il se produisit. Au début, il partit d'un petit nuage qu'avait précédé l'apparition d'un globe enflammé, d'un éclat très brillant, qui se mouvait avec rapidité dans les hautes régions de l'atmosphère.

Déjà en Italie, près de l'Adda, un phénomène presque analogue se produisit ; il tomba ainsi près de 1,200 pierres dont l'une pesait 100 livres.

On trouve au *Jardin des Plantes* à Paris quantité d'aérolithes, avec l'indication des lieux où ils ont été recueillis.

Il est des cas où ces globes de feu, en tombant, ont occasionné des accidents, tué des personnes, incendié des maisons : deux marins suédois furent ainsi tués sur un navire en 1674 ; trois incendies furent allumés par la même cause dans la Côte-d'Or, en 1761 ; dans la Manche, en 1841, et dans Saône-et-Loire, en 1846.

IX.

TREMBLEMENTS DE TERRE.

Les tremblements de terre ne sont pas d'ordre météorologique ; mais on leur reconnaît des rapports, une certaine connexité avec des phénomènes de cette nature, tels que les aurores boréales, les ouragans, les cyclones. C'est donc à titre d'annexe que je veux en dire ici quelques mots, et fournir une liste sommaire de la plupart de ceux qui ont affecté notre province depuis cinq ou six siècles.

L'année 1883 sera célèbre dans les annales du monde par les épouvantables tremblements de terre d'Ischia en Italie, de Java en Océanie et par d'autres moins importants qui se sont produits sur divers autres points du globe.

Des savants prétendent que notre planète n'est pas trente heures sans éprouver des oscillations, très légères assurément, car elles passent pour nous tout à fait inaperçues. Ce n'est pas, on le comprend, de ces mouvements insignifiants que nous voulons parler, mais de ces trépidations du sol qui se répètent à de courts intervalles et sont souvent précédées ou accompagnées de bruits souterrains, de roulements comparables à celui du tonnerre.

Les *tremblements de terre* paraissent dus aux mêmes causes que les éruptions volcaniques, c'est-à-dire au feu central. On admet que la masse incandescente qui occupe l'intérieur de notre planète, émet des vapeurs, des gaz, dont la force élastique est capable de produire les phénomènes que je viens de signaler et en outre des soulèvements de terre ou des affaissements du sol. Ils sont fréquents et terribles surtout dans les régions où se trouvent des volcans en activité, comme sur le littoral de la Méditerranée, en Amérique, le long de la Cordillière des Andes et dans les Indes-Orientales.

Souvent ils n'affectent qu'une province, une étendue de terrain fort restreinte ; dans d'autres circonstances, ils se font sentir à de grandes distances, comme en 1755 dans le tremblement de terre de Lisbonne qui s'étendit à la Martinique, à la Laponie et jusqu'en Afrique. On sait qu'il fit d'épouvantables ruines dans la capitale du Portugal qu'il détruisit presque entièrement ; environ trente mille personnes périrent.

Notre région paraît moins exposée que d'autres à ces grandes catastrophes. Du reste, nous nous trouvons loin des volcans en activité ; quant aux volcans éteints, les plus rapprochés de nous sont ceux du

Plateau Central en Auvergne, de la chaîne de l'*Eifeld*, dans la province rhénane et celui de la côte d'Essey (canton de Bayon).

Toutefois, nous avons, dans le passé comme dans le présent, ressenti en Lorraine des secousses d'une certaine importance. Je me bornerai à signaler ici quelques-unes des plus marquantes, remontant aux siècles derniers.

En 1279, un tremblement de terre renversa, en Alsace, beaucoup de châteaux et d'églises. En 1289, cinq nouvelles secousses se produisirent encore dans la même province [1].

En 1314, on ressentit aussi des secousses en Lorraine; elles étaient accompagnées de pluies torrentielles, de tempêtes qui déracinaient les arbres et renversaient les maisons. L'année suivante, un autre tremblement de terre faisait périr, dit-on, le tiers (?) des habitants de la Lorraine [2].

Le 18 octobre 1356, un tremblement de terre s'étendit de Strasbourg à Bâle et endommagea la cathédrale de cette dernière ville, ainsi que celle de Berne. Il fut très violent à Metz : tout remuait dans la cité et l'on crut un instant que les maisons allaient être renversées. Les meubles, les ustensiles s'entrechoquèrent; les citoyens eurent peur, car ils n'avaient jamais vu, disent les chroniqueurs, « pareil temps et crolla la terre plusieurs fois » [3]. Le 14 mai de l'année suivante, nouvelle secousse ressentie en Lorraine, ainsi qu'en Allemagne, en Suisse et en Espagne [4].

En 1372, le mardi après la fête du Saint-Sacrement, autre tremblement de terre à Metz : « ce fut chouse bien espouventable et orent les gens grant paour » [5].

En 1438, « fut ung merveilleux croillement de terre en Metz, le jour de Saint-Luc et en plusieurs paiis, principalement à Baile ...., tellement que plusieurs forteresses et édifices tomboient por terre, que fuit une chouse moult espouventauble » [6].

Le 30 novembre 1444, un tremblement de terre se fit sentir à Metz ; il dura au moins une minute [7].

Le 4 décembre 1454, le sol oscilla pendant trois jours, surtout du côté de l'Italie où il périt plus de 100,000 personnes, dans différentes villes de la Pouille et de la Calabre [8].

---

[1] Voy. *Annales de la Soc. d'émul. des Vosges*, année 1865.
[2] Voy. P. Guyot, *Journ. météor.*
[3] Voy. P. Guyot, *Journal météorologique*.
[4] Voy. P. Guyot, *Journ. météor.*
[5] Voy. H. Michelant, *Chron. de Jacomin Husson*, de Metz.
[6] Voy. H. Michelant, *Chron. de Jacomin Husson*, de Metz.
[7] Voy. P. Guyot, *Journ. météor.*
[8] Voy. le *Promptuaire de Germiny*.

Le 30 juin 1477, il y eut à Metz un fort tremblement de terre. Les clochers de plusieurs églises furent ébranlés, d'autres croulèrent, notamment ceux de Saint-Arnould et de Saint-Vincent. Les cloches violemment secouées, sonnèrent d'elles-mêmes ([1]).

En 1524, de violents tremblements de terre eurent lieu dans les Vosges ; leurs secousses, ébranlant le sol à des distances éloignées, firent crouler grand nombre de maisons dont les habitants furent ensevelis sous les ruines ([2]).

Le 9 février 1571, une secousse se fait sentir en Lorraine, en Alsace et en Suisse ([3]).

En 1601, le 7 et le 8 septembre, le *Livre des Enquéreurs* de la cité de Toul signale un tremblement de terre comme s'étant fait principalement sentir en Allemagne et en autres pays, « qu'est une occasion, disent les Magistrats de Toul, qu'il nous fault rendre grâce à la miséricorde de Dieu ».

Le 6 avril 1604, « auquel jour nasquit Charles IV, duc de Lorraine, sur la minuite, il y eut un tremblement de terre en la chambre où il nasquit » ([4]).

En 1640, le 4 avril, il se fit, dit Cassien Bigot, « un tremblement de terre qui estonna bien des personnes pour estre comme général ...., cela arriva à 3 heures et quart ou environ après minuit, comme je l'ay observé ; moy estant à notre église, nos chaises du chœur, où j'estois, en furent secouées assez légèrement néanmoins » ([5]).

Le 12 mai 1682, entre 2 heures et 3 heures du matin, tremblement de terre en Alsace, Lorraine, Champagne, jusqu'aux environs de Paris, dans la Provence, la Savoie, la Suisse et la Thuringe. Ce tremblement a été le plus fort qu'on ait jamais ressenti dans les Vosges ; son centre a été Plombières et Remiremont. La Chronique manuscrite de Didelot contient les renseignements suivants : « Les secousses commencèrent à 2ʰ30 du matin ; le ciel était alors sans nuages, et continuèrent pendant plusieurs semaines. On entendit un bruit semblable à celui du tonnerre le plus fort ; cinq maisons s'écroulèrent entièrement et beaucoup d'autres furent endommagées ; les voûtes latérales de l'église des Dames tombèrent sur le pavé; tous les habitants de Remiremont étaient dans la consternation. Les *Dames* se réfugièrent à la campagne et logèrent sous des tentes. Cet état d'angoisse dura trois semaines. La terre s'ouvrit près de Remiremont, en un lieu nommé

([1]) Voy. P. Guyot, *Journ. météor.*
([2]) Voy. P. Guyot, *Journ. météor.*
([3]) Voy. H. Michelant, *Chron. de Jacomin Husson*, de Metz.
([4]) Voy. le *Promptuaire de Germiny.*
([5]) Voy. P. Guyot, *Journ. météor.*

encore aujourd'hui la *Côte Maldoyenne;* des flammes d'une odeur désagréable sortirent des crevasses et les secousses cessèrent (¹). »

Dom Calmet, p. 119 du *Traité historique des Eaux de Plombières* qu'il a édité, a mentionné les détails suivants: « A Remiremont, deux filles furent ensevelies sous les ruines des maisons ; le dégât fut considérable à Plombières où il y eut plusieurs personnes écrasées, ainsi qu'au Val-d'Ajol ; mais on n'y vit point de flammes sortir de terre. Les eaux de Plombières ne parurent pas affectées par cette secousse (²). »

L'église du chapitre de Remiremont fut grandement endommagée par la secousse ; les portes, les fenêtres et les colonnes furent ébranlées ; les clochetons et statues qui décoraient le portail et les piliers furent brisés, moins le bas-relief de Clémence d'Oyselet. Le dégât fut estimé 80,000 livres (³).

Ces secousses de tremblement de terre furent remarquées à Lunéville (⁴).

En 1690, un premier tremblement de terre se fait sentir surtout dans la vallée du Rhin, et jusqu'en Autriche et en Illyrie ; un second se produit en Lorraine, le 21 février 1691, dans la vallée du Rhin, en Normandie et en Transylvanie. L'année suivante, le 13 septembre, puis le 20 et le 21 du même mois et encore les 9 et 11 janvier 1693, on ressent de nouvelles secousses en notre pays (⁵).

Le 3 août 1728, à 4 heures et demie du soir, tremblement de terre ressenti à Metz, à Lunéville et surtout dans la vallée du Rhin, notamment à Strasbourg où il y a plusieurs clochers et quantité de cheminées renversées. Une nouvelle secousse se fait encore sentir le lendemain, dans cette dernière ville, mais moins forte que la veille (⁶).

En 1732, pendant l'automne, on signale des aurores boréales, des tremblements de terre, suivis de pluies et d'épais brouillards (⁷).

En 1734, un nouveau tremblement de terre renverse le prieuré de Remiremont. L'année suivante, le 10 juin, par un ciel pur, à 9 heures du matin, une autre secousse, accompagnée d'un grand bruit, jette l'épouvante parmi les habitants de cette petite ville qui courent précipitamment sur les places publiques ; mais ils en sont quittes pour la peur (⁸).

Le 1ᵉʳ novembre 1755, a lieu le tremblement de terre dit de Lisbonne

(¹) Voy. Guinet, *Histoire de l'abbaye de Remiremont.*
(²) Voy. Guerrier, *Annales de Lunéville.*
(³) Voy. Guinet, *Histoire de l'abbaye de Remiremont*, p. 276.
(⁴) Voy. Guerrier, *Annales de Lunéville.*
(⁵) Voy. P. Guyot, *Journ. météor.*
(⁶) Voy. P. Guyot, *Journ. météor.*
(⁷) Voy. P. Guyot, *Journ. météor.*
(⁸) Voy. P. Guyot, *Journ. météor.*

qui se fait aussi sentir en Alsace. Le 9 décembre suivant, on ressentit
aussi une secousse à Metz et quelques heures après se produisait un
terrible ouragan. Le 27 de ce même mois, nouvelle secousse à Thionville (¹).

Le 18 février 1756, un tremblement de terre se fit fortement sentir à Boulay, à Bouzonville et ailleurs dans l'ancien département de la
Moselle. Des arbres très hauts s'enfoncèrent, en sorte qu'on ne voyait
plus que leur cime. Les eaux des puits s'élevèrent (²).

Le 18 janvier 1757, à 5 heures et demie du matin, tremblement de
terre qui jette de nouveau la consternation dans les Vosges, surtout
à Remiremont. Les secousses furent très fortes à Belfort, à Saint- Dié,
à Champ-le-Duc, surtout à Bruyères, où la terre s'entr'ouvrit au bas
du château (³).

Dans la nuit du 29 au 30 novembre 1784, à 10ʰ15, on a ressenti à
Huningue les secousses d'un tremblement de terre assez violent; il a
duré environ six secondes. Il a été annoncé par une explosion semblable à celle d'un coup de canon. Pendant sa durée, on a entendu un
bruit souterrain semblable à celui d'une fournaise ardente agitée par
un vent impétueux. Ce tremblement de terre a été ressenti dans toute
l'Alsace, mais n'a eu aucune suite fâcheuse, quoique à Strasbourg la
secousse ait été assez forte pour déplacer les meubles de quelques
maisons.

A Remiremont, vers les dix heures du soir, on entendit tout à coup
un bruit souterrain semblable au roulement d'une voiture rapide, et on
ressentit en même temps une secousse qui dura quelques secondes ;
les portes et les vitres furent dans une agitation manifeste. Le ciel
était pur et les vents ne soufflaient pas (⁴).

— A Neufchâteau, le 5 décembre de la même année, une secousse
de tremblement de terre renversa une maison au faubourg Sainte-
Marguerite ; une autre à Rouceux fut fort ébranlée. Cette secousse qui
se produisit à 11ʰ15 du soir, se fit aussi sentir à Metz ; elle eut lieu
pendant un vent terrible qui soufflait depuis trente-six heures (⁵).

Pour terminer ce tableau des tremblements de terre, citons encore
ceux qui ont eu lieu depuis une soixantaine d'années.

Celui du 31 octobre 1824 qui en notre pays déplaça des meubles et
décrocha des tableaux;

Du 29 juillet 1846 qui secoua des personnes dans leur lit ;

(¹) Voy. P. Guyot, *Journ. météor.*
(²) Voy. P. Guyot, *Journ. météor.*
(³) Voy. P. Guyot, *Journ. météor.*
(⁴) Voy. P. Guyot, *Journ. météor.*
(⁵) Voy. P. Guyot, *Journ. météor.*

Du 12 juillet 1851 qui se fit sentir surtout dans les Vosges ;

Du 25 juillet 1855   —   —

Du 16 octobre 1858   —   —

Du 6 avril 1859   —   —   [1] ;

Du 19 juillet 1863 qui fut ressenti dans la vallée de la Vezouse [2] ;

Du 10 février 1871 qu'on remarqua à Lorquin.

SECONDE PARTIE

PRÉVISIONS AU SUJET DE LA TEMPÉRATURE

I.

Quel est celui qui, à son lever, ne jette pas régulièrement un coup d'œil à sa fenêtre pour interroger le ciel et tirer, de l'état de l'atmosphère, des indices au sujet de la température probable de la journée? Pour celui-ci, c'est peut-être simple curiosité; mais pour cet autre, pour ce voyageur, pour l'homme des champs surtout, c'est plus que cela : c'est souvent une question d'intérêt qui s'y attache, et, dans certains cas, d'un intérêt de premier ordre. N'est-ce pas, en effet, de cette température que dépendent souvent le succès de ses travaux, la bonne qualité de ses récoltes? Pour ce cultivateur, ce vigneron, c'est chose sérieuse que l'arrivée du chaud ou du froid, de la pluie ou du beau temps, notamment à certaines époques où le fruit du travail de toute une campagne est là, exposé aux intempéries de l'air, alors qu'en moins d'une heure, de quelques minutes même, le fruit de ses patients et pénibles labeurs peut être anéanti par une gelée, une grêle...

Dès les temps les plus reculés, nous l'avons dit déjà, les *phénomènes météorologiques* ont attiré l'attention : on a cherché à en deviner l'arrivée, à en pronostiquer le retour. Des observateurs persévérants et judicieux se sont appliqués à faire des remarques dont ils ont traduit les résultats en *adages*, en *dictons* que les générations suivantes ont recueillis sous cette forme et transmis à leurs descendants. Mais il s'est rencontré aussi de prétendus observateurs, esprits superficiels qui,

---

[1] **Voy.** X. Thiriot, *la Vallée de Cleurie.*
[2] **Voy.** *Observ. météor. faites à Nancy* (Ann. de la Meurthe).

frappés par des circonstances fortuites, des rapprochements bizarres,
plus avides de constater que de discuter, de croire sans contrôle que
de se rendre, par de patientes recherches, un compte exact des choses
et des faits, ont souvent pris l'exception pour la règle générale, ont, à l'imi-
tation des premiers, formulé en dictons leurs remarques mal digérées,

Il est encore une troisième catégorie de pronostics météorologiques
d'ordre tout à fait superstitieux. Nous ne croyons pas devoir en tenir
compte ici, les réservant pour un travail en préparation sur *les usages
bizarres, les pratiques singulières, les croyances superstitieuses,* où
ils se trouveront mieux à leur place.

Que dire ensuite de ces pronostics tout de fantaisie, ridicules même,
faits pour chaque jour de l'année, dans les *almanachs,* quinze à vingt mois
d'avance? On sait avec quelle foi robuste ils étaient autrefois acceptés;
il est triste, pour notre époque, d'avoir à constater que certaines personnes y attachent encore maintenant une haute importance, puisque
ces tableaux, de pur charlatanisme, sont avidement recherchés et
donnent du cours à celles des publications populaires de ce nom qui
les fournissent.

Mêmes observations au sujet d'un petit livre soigneusement conservé
dans certaines familles, qu'elles décorent de ce titre pompeux : *la Pro-
phétie.* Les tableaux de cet ouvrage prétendent donner, à perpétuité, la
physionomie générale de chaque année, par des pronostics sur les quatre saisons. La suite des années y est groupée par *cycles solaires* ou de
28 ans, en sorte que telle a été l'année 1884, par exemple, telles ont
dû être les années 1856, 1828, 1800, etc., telles seront aussi les années 1912, 1940, etc. Ajoutons, pour comble de ridicule, que, d'après
ces *Prophéties perpétuelles,* certains événements de l'ordre politique
subiraient les influences, non pas lunaires, mais solaires, ce qui ne
vaut guère mieux, car à la suite des pronostics météorologiques annuels
viennent des prédictions politiques. Il suffit de signaler ces publications pour en faire prompte justice.

Mais revenons à nos *adages météorologiques.* Il y a quelques années,
la *Société générale des agriculteurs de France* et la *Société d'acclima-
tation,* frappées de certaines coïncidences, de l'exactitude momenta-
née de certains d'entre eux, attirèrent l'attention des météorologistes
de ce côté.

En 1880, la *Commission de météorologie de Meurthe-et-Moselle,* s'ins-
pirant de cette pensée, sollicita de ses *correspondants* des recherches
au sujet de cet adage si connu : *Brouillard en mars, à pareil jour,
gelée ou pluie en mai,* afin d'en vérifier l'exactitude.

Elle ajoutait : « Il serait bon que l'attention des observateurs fût atti-
rée sur ce côté de la *météorologie.* De la comparaison des proverbes

locaux avec les résultats fournis par l'observation, on pourrait peut-être tirer quelques indications utiles à la science météorologique. Si de cette comparaison il résultait seulement que les *proverbes* ne donnent que des indications erronées, on aurait encore rendu service en le démontrant d'une manière rigoureuse. »

Pour répondre à ces préoccupations et apporter mon concours à l'œuvre, j'ai relevé quantité de *pronostics*, d'*adages*, de *dictons* propres à la Lorraine. J'ai cru devoir me borner à en faire une simple énumération, laissant à d'autres le soin de les examiner, de les discuter, le cadre de ce travail ne me permettant pas de faire davantage.

II.

Pronostics.

Il y a présage de pluie :

Règne végétal. — Si les *plantes* flétrissent plus que de coutume en été, sous une chaleur étouffante;

Si le *mouron des champs* (appelé le *baromètre du pauvre homme*), ainsi que le *liseron* et d'autres plantes, ferment leurs fleurs;

Si la *pâquerette* replie ses pétales;

Si la *pomme du pin* se contracte;

Si les *cordes* se roidissent;

Si le *crible* se détend, si les *meubles* craquent;

Si le *grain* est plus difficile à battre que de coutume.

Règne minéral. — Si le *couteau*, la *faux*, la *cognée*, la *serpe* de l'ouvrier, le *soc de la charrue* se rouillent vite;

Si *l'eau des étangs* a l'air d'être troublée;

Si le *lard* goutte et le *sel* se fond dans la salière;

Si le *dessous de la marmite* brûle, celle-ci étant sur le feu;

Si la *suie* de la cheminée se détache et tombe dans l'âtre;

Si, en été, après une ondée, le *sol* se dessèche vite;

Si les *flaques* de la rue, après la pluie, disparaissent vite;

Si les *eaux débordées* se retirent promptement.

Règne animal. — Si les *abeilles* rentrent tôt à la ruche, si dans le cours de la journée elles y rentrent précipitamment et en foule;

Si les *alouettes* chantent très matin;

Si les *ânes* secouent leurs longues oreilles;

Si les *animaux domestiques* ont l'air mélancolique;

Si les *animaux de basse-cour* font entendre des cris inaccoutumés;

Si la *bergeronnette* sautille le long des fossés et des ruisseaux;

Si les *canards* plongent fréquemment, agitent leur queue, s'ils battent des ailes çà et là, s'ils se poursuivent joyeusement sur l'eau;

Si les *carpes* des étangs sautent au-dessus de l'eau, si les autres poissons s'agitent, plongent et replongent plus que de coutume;

Si les *chats* ont les yeux verdâtres, la prunelle plus dilatée que de coutume; si de leur patte, en faisant leur toilette, ils dépassent l'oreille; s'ils mangent du chiendent;

Si les *chevaux* deviennent lourds, inquiets, puis agités; si à la charrue ils pissent fréquemment;

Si le *chien* pousse des aboiements plaintifs, s'il se met à manger de l'herbe;

Si les *chèvres* lèvent la queue;

Si la *chouette* houhoule plus que de coutume;

Si le *coq* chante plus souvent et plus tard que d'habitude;

Si les *corbeaux* croassent longuement dans les airs; s'ils se mettent accidentellement en troupe; s'ils sont éveillés de bonne heure et chantent du creux de la gorge;

Si les *crapauds* se promènent à la brune; si, en dehors du printemps, on les entend coasser çà et là, surtout à la brune;

Si les *fourmis* redoublent d'activité;

Si les *hirondelles* vont se baigner, rasent le sol en volant; si elles poussent des cris plaintifs, ou bien volent haut et se précipitent vivement pour raser le sol;

Si le *lézard* se cache;

Si, le matin, la *limace* relève la queue;

Si les *mouches* et les *moucherons* sont plus insupportables que d'habitude, tourmentent l'homme et les animaux au travail;

Si les *moineaux* chantent de bon matin;

Si les *moutons*, au sortir de l'étable, ou avant d'y rentrer, lèchent les murs avec ardeur; s'ils sautent dans les rues, font des gambades;

Si les *oiseaux chanteurs* se taisent;

Si les *paons* vont se percher haut; s'ils poussent fréquemment leur cri aigre habituel;

Si les *pigeons* rentrent tôt au colombier; s'ils picorent tout près de là; s'ils se reposent sur le faîte des maisons, le jabot au vent, ou s'ils se *pouillent,* c'est-à-dire s'ils cherchent de leur bec sous leurs ailes, ou leur ventre;

Si les *poules* piaulent, se *pouillent* activement, se roulent dans la poussière, se hérissent;

Si la *rainette,* prisonnière dans une carafe, ou sur le bord d'un étang, prend plaisir à se baigner;

Si les *taupes* travaillent plus que de coutume;

Si la *vache* lèche les murs de l'étable;

Si les *vers* traînent le soir;

Si le *fléau du batteur* tourne plus difficilement que de coutume;

Enfin si, chez l'*homme*, les rhumatismes se font sentir plus douloureux; les engelures, les cors aux pieds, les anciennes blessures, foulures, entorses, font souffrir; si enfin on se sent plus lourd que d'habitude, ou qu'on se trouve pris de bâillements; si, enfin, les mains de l'ouvrier sont plus sèches que de coutume.

État du ciel, de l'atmosphère. — Si les *cloches* s'entendent de loin du côté du Sud ou de l'Ouest;

Si l'air est imprégné de fortes senteurs, odeurs de fleurs, de fumier, etc.

Si l'air est d'une pureté telle qu'on aperçoit très distinctement les objets éloignés, avec une teinte sombre et paraissant plus rapprochés que de coutume;

Si, pendant les nuits obscures, les étoiles paraissent au firmament plus épaisses que d'habitude :

Neuïe tout pien étoilée, Bé top de poõue de deraïe.	Nuit très étoilée, Beau temps de peu de durée.

(Allain.)

Si le soleil ou la lune sont entourés de *couronnes* blafardes ou aux couleurs de l'arc-en-ciel (mais dans un ordre inverse); plus ces couronnes sont développées, plus la pluie est proche;

Si l'*arbre macabre* a le pied dans l'eau ou dans la Meuse (fleuve), c'est-à-dire si les *cirrus,* se montrant en longs filaments, sont dirigés de l'Ouest à l'Est, la base de l'*arbre* reposant en conséquence sur la Meuse;

Si la *plaine de Metz* (vue des environs de Colombey) se charge de vapeurs épaisses après une série de beaux jours [1];

Si de gros *cumulus* roulent bas;

S'ils masquent la partie supérieure des côtes un peu élevées;

Si des *nuages* d'évaporation s'élèvent en été des vallées;

S'ils se croisent dans les airs en sens divers;

Si, dans la belle saison, le *brouillard* du matin disparaît vite du fond des vallées et que de gros cumulus se forment rapidement dans les airs;

Si, au printemps et en automne, une *gelée blanche* se produit, on dit qu'elle ne tardera pas à tomber;

Si, à son coucher, le *soleil* est coloré en jaune pâle;

S'il présente des faisceaux de rayons lumineux;

---

[1] La *plaine de Metz,* pour Allain, signifie la plaine à l'ouest de Metz ou de l'arrondissement de Briey, qui nous permet de voir fort loin dans la direction de la Belgique.

S'il se couche dans des nuages de feu;

Si les vents tournent rapidement, que le *téheu* (vent de l'Ouest) souffle dans les régions supérieures et la *bise* (vent de l'Est) rase le sol :

Vot d'sus, bihe dezos,	Vent (d'Ouest) dessus, vent d'Est [dessous,
Puge demain tot lo jo.	Pluie demain tout le jour.

[P. L. : Le Tholy (¹).]

Bihe éprès s'lo hhconciant,	Vent d'Est après soleil couchant,
Piœuge dant s'lo levant.	Pluie avant soleil levant.

(P. L. : Vagney.)

Si, en été, après une période de beaux jours, il se produit de petits tourbillons :

Petiots tribuots,	Petits tourbillons,
Chaingemot de top.	Changement de temps.

(Allain.)

Si la *vôge* (vent du Sud) se met sur pied après la *bise;*

Si, en été, la *pluie* fume en tombant;

Si, lorsqu'il pleut en été, des *bulles,* des *ballons* se forment sur les flaques;

Si, après une ondée, le soleil darde de chauds rayons;

Si, au printemps ou en été, la matinée est sans rosée;

Arc-en-ciel le matin,	
Pluie sans fin.	(Viterne.)

Couroune de Saint Girâ l'sô,	Arc-en-ciel lo soir,
Eul lendemain lai goutte à tô.	Le lendemain la goutte au toit.

(Allain.)

Cependant on dit encore :

Couroune de Saint Girà l'sô,	Arc-en-ciel le soir,
Ye faut vore.	Il faut voir.

(Allain.)

Car d'autres ajoutent :

Couroune de Saint Girà l'sô	L'arc-en-ciel le soir
Ressuë los tôs,	Ressuie les toits,
Et l' mailin,	Et le matin,
Eul fà ailer los moulins.	Il fait aller les moulins.

(Allain ; même dicton au Tholy.)

Quand ye pieut d' biche,	Quand il pleut de *bise,*
Ç'ot poue troper eun' cheminche.	C'est pour tromper une chemise.

(Allain.)

_____

(¹) Voy. M. L. Adam, *les Patois lorrains.* — Pour éviter des renvois trop fréquents, les initiales P. L. seront placées en avant du nom de la localité d'où proviennent les dictons.

Mais on dit aussi :

Quand è piœut d' bihe,	Quand il pleut de *bise*,
E piœut è lè guihe.	Il pleut à la guise.

(P. L. : Vagney.)

Quand ye pieut de biche,	Quand il pleut de bise,
Ç'ot poue chèïe semaïïene.	C'est pour six semaines.

(Allain.)

On tire du vent d'*Ardennes* (vent du Nord) des pronostics analogues.

En temps de guerre, on prétend que les *décharges d'artillerie,* de *mousqueterie* ébranlent l'air et provoquent la pluie. (Très répandu.)

Les *quatre-temps,* dit-on, amènent aussi la pluie, ou tout au moins changement de temps (équinoxes et solstices), mais on prétend aussi que, s'ils trouvent le temps dérangé, ils le remettent. (Très répandu.)

Quand ye fà bé,	Quand il fait beau,
Prod te manté ;	Prends ton manteau ;
Quand ye pieut,	Quand il pleut,
Prod-le si t' veux.	Prends-le si tu veux.

(Allain.)

Il y a présage de pluie prolongée :

Si les *fourmis* des prairies élèvent des buttes hautes et d'un faible diamètre ;

Si les *champignons* croissent spontanément sur les fumiers, sur les tas de poussière ;

Si dans la *pomme du chêne* (excroissance charnue qui se développe sur les feuilles de cet arbre), il y a un petit ver ;

Grand vot,	Grand vent,
Grand'pieuïche.	Grande pluie.

(Allain.)

Mais : Petiote pieuïche	Petite pluie
Aibait grand vot.	Abat grand vent.

(Allain.)

Il y a présage de vent :

Si le *ciel* est *rouge* au lever du soleil :

Solé ro,	Soleil rouge,
Grand pousso.	Grande poussière.

(Blâmont.)

S'il est *jaune* au coucher de cet astre ;

S'il est *bleu foncé* de jour ;

Si le *soleil,* la *lune* (sans brume dans l'air) sont rougeâtres à leur lever ou à leur coucher ;

Si la *bise* souffle pendant le jour et qu'elle tombe le soir, elle reprendra le lendemain.

Les vents qui commencent à souffler pendant le jour durent plus longtemps que ceux qui commencent pendant la nuit.

Les *corbeaux* qui croassent la nuit présagent la tempête.

Les *passereaux* réunis en troupe, venant du Nord, volant à tire-d'aile, effarouchés, en désordre, s'agitant avec terreur; les *merles* cherchant un refuge autour des habitations, annoncent la tempête, l'ouragan dans les 24 ou 48 heures.

> Grande tempête sur terre,
> Trahison sur mer.   (Allain.)

Les vents durent, dit-on, un, trois, cinq ou sept jours.   (Allain.)

Il y a présage de beau temps :

Si le *ciel* est d'un beau bleu clair, gris au lever du soleil, rosé au coucher;

Si les *étoiles* sont clairsemées au firmament bien débarrassé de nuages;

Si les *moucherons,* le soir, dansent leurs rondes fantastiques;

Si de tous les côtés on entend des *bruits lointains;*

Si les *pigeons* vont picorer au loin;

Si les *abeilles* rentrent tard à la ruche;

Si les *moineaux* sont matinals et babillards;

Si, au printemps, le *rossignol* chante toute la nuit;

Si les *hirondelles* volent haut et longtemps;

Si le matin les *corbeaux* ouvrent le bec regardant le soleil;

Si l'*atmosphère* est couverte de brume;

Si, pendant la belle saison, il y a de *fortes rosées;*

Si les *bulles* formant écume sur le café se rassemblent au milieu de la tasse, ou du bol, à la surface du liquide;

Si, le soir, il se produit des *ailaules* (éclairs de chaleur) dans un ciel sans nuages;

Si la *rainette* se tient à la partie supérieure de la bouteille où elle est renfermée;

Si, après une série de jours pluvieux, des *brouillards* s'élèvent lentement du fond des vallées;

Si, dans les mêmes circonstances, le *ciel* se montre couvert de *petites javelles* (ciel moutonné) ;

Les *eaux débordées* présagent le beau temps, car on dit :

> Après la pluie, le beau temps.

Dans une longue période de pluie, on dit dans notre région :

> Tant que la *Moselle,* la *Meuse* ou l'*Aroffe* ne seront pas débordées,
> Il n'y a pas de beau temps à espérer.

Top rouge eul sô,	Temps rouge le soir,
Bian l' maitin,	Blanc le matin,
Jounaïe don peurlin.	Journée du pèlerin.

(Allain ; — très répandu.)

Cependant on dit encore dans quelques localités :

Temps rouge le soir, blanc le matin, pluie ou vent.

Lai pieuëche don maitin	La pluie du matin
N'airette-mé l' peurlin :	N'arrête pas le pèlerin :
Eule paisse se chêmin.	Elle passe son chemin.

(Allain.)

Quand los èneules sont roges le sâ	Quand les nuages sont rouges le [soir
Et bianches lé métin,	Et blancs le matin,
Ç'ast lè jonaye di pèlerin.	C'est la journée du pèlerin.

(P. L. . . . . . .)

Quelques présages tirés de la lune. — La lune, dans nos campa-gnes, est supposée avoir, sur la température, une grande influence. On prétend que chaque *quartier* doit amener du changement. Qu'on soupire après la pluie ou le beau temps, on a confiance que la phase prochaine de la lune remédiera à tout. Pour pouvoir préciser en tout temps, en tout lieu, en toute saison l'âge de la lune, et déterminer le retour des différents quartiers, sans avoir besoin de recourir à l'alma-nach, bien des personnes ont l'épacte soigneusement gravée dans l'es-prit et font le calcul de cet âge en un tour de mémoire.

On a beaucoup écrit sur l'influence de la lune ; mais les auteurs sont loin d'être d'accord entre eux, car les uns affirment cette influence, les autres la nient. Je me contenterai de fournir quelques-uns des pronos-tics les plus connus.

Quand la lune se refait dans l'eau,
Dans trois jours elle donne du beau (et réciproquement).

(Allain ; très répandu.)

A Landremont, ce pronostic se rend ainsi :

Novelle lune, quand i fat bé,	Nouvelle lune quand il fait beau,
Au bou de troôus jos, bëïe de [l'eauwe ;	Au bout de trois jours donne de [l'eau
Quand lè lune prend das l'eauwe,	Quand la lune prend dans l'eau,
Au bout de troôus jos i fât bé.	Au bout de trois jours il fait beau.

(P. L.)

Au cinq de la lune on verra,
Quel temps tout le mois donnera ([1]).

([1]) Voy. *Pronostics* du maréchal Bugeaud. — Ajoutons ici qu'un certain abbé *Tualdo*, cité par **M.** *Gratien de Sanner*, dans un livre intitulé: *Erreurs et préjugés*, observa 1,103 nouvelles lunes et nota que 950 furent accompagnées d'un change-ment de temps et que 156 laissèrent le temps comme elles l'avaient trouvé. La pro-

Les brouillards de vieille lune engendrent le beau temps.   (Allain.)

La lune forte débarrasse, dit-on, le ciel des nuages qui l'obscurcissent.
                                                (Allain.)

Lorsque la lune a les cornes en l'air à son premier quartier, il y a présage
de froid ou de mauvais temps.   (Allain.)

La *lune rousse* est toujours l'objet d'appréhensions. Les uns se figu-
rent qu'elle gèle, grille, roussit les jeunes bourgeons; d'autres, per-
suadés qu'elle débarrasse, le matin, le ciel de ses nuages, surtout lorsqu'elle est pleine ou à son dernier quartier, rejettent sur l'astre des
nuits les conséquences du ciel découvert.

Si lai leune rouss en' prend rin,	Si la lune rousse ne prend rien
	(par la gelée),
Eul fâ tout pien d' bin.	Elle fait beaucoup de bien.

(Allain.)

Quand elle è êne tète,	Quand elle a une tête,
Elle n'è point de quoôue ;	Elle n'a point de queue ;
Et quand elle è êne quoôue,	Et quand elle a une queue,
Elle n'è point de tète,	Elle n'a point de tète.

(P. L. : Deycimont.)

Cette tête et cette queue signifient abaissement de la température
ou gelée.

III.

*Adages, proverbes, dictons météorologiques et agricoles, relatifs
aux différentes saisons de l'année.*

L'année météorologique, commençant communément par *l'hiver* et
le mois de *décembre,* j'ai adopté le même ordre dans ce travail.

HIVER. — *Mois de décembre.* On prétend qu'il y a présage de gros
hiver :

Si les *feuilles* du *chêne* et de la *vigne* ne sont pas tombées pour
la Saint-Martin ;

Si les *oignons,* les *échalottes,* les *aulx* ont des pellicules sèches, très
épaisses et nombreuses ;

Si les *raves d'automne* ont une peau épaisse ;

Si les *fourmis,* les *limaces* et les *vers blancs* s'enfoncent profondément ;

Si les *lièvres,* les *renards,* les *blaireaux,* en un mot le *gibier à poil*
est pourvu de fourrures plus fournies que de coutume.

Si l'hiver va dro s' chèmin,	Si l'hiver va droit son chemin,
On l'airai ai lai Saint-Mairtin.	On l'aura à la Saint-Martin.

(Allain ; très répandu.)

---

portion est donc de 1 à 6, et cette probabilité de changement de temps peut s'accroître par diverses causes, surtout, ajoute-t-il, quand la nouvelle lune est jointe au
périgée.

Cependant des *neiges précoces* il ne faut pas trop s'effrayer, car

Lorsque la neige tombe sur les feuilles vertes,
L'hiver se rompt le col ;
Sià la *Saint-Martin* il fait sec et froid,
L'hiver sera doux.

On dit encore : Si on a l'hiver avant *Noël* (25 décembre),
On l'aura encore après (très répandu).
Si l'hiver jusque-là a été doux,
Il n'est point passé,
Les chiens ne l'ont pas mangé.   (Marainviller.)

Si ye n'vin-m' devant Nõoué. Y vinrè èprè.	S'il ne vient pas avant Noël, Il viendra après.

(Allain ; très répandu.)

L'hiver ot dos eun' besaice, Si ye n'ot-m' devant, lot derrie.	L'hiver est dans une besace, S'il n'est pas devant, il est derrière.

(Allain ; très répandu.)

Du reste :   Quand l'hiver n'est pas froid,
Les gelées viennent au printemps.   (Marbache.)

Noche de St-André (30 novembre), Menaice de cent joues deurer.	Neige de *Saint-André* Menace de cent jours durer.

(Allain.)

Jamais grande neige
N'a fait grande eau.   (Vosges.)

On prétend que les *brouillards* d'avant Noël donnent des poires et que ceux d'après fournissent des pommes. (Allain.)

De même, on dit que le *givre des Avents* (période de quatre semaines qui précède Noël) procure des fruits à noyau ou des prunes. (Allain ; très répandu.)

Tièr Noué, Tière jèvelle.	Clair Noël, Claire javelle.

(P. L. : Saint-Vallier ; très répandu.)

Néanmoins on dit encore :

Lè piouwe don jou de Naoué Veuïde gueurnëïes et tonnés.	La pluie du jour de Noël Vide greniers et tonneaux.

(P. L. : Landremont.)

Quand lé tops ast tiéhhe Lè sa d' masse dè mouéneut, Ç'ast sine de tièhhe jèvelle.	Quand le temps est clair Le soir de la messe de minuit, C'est signe de claire javelle.

(P. L. : Vagney.)

Noël humide, Matines sombres, Granges claires. (Hargarten-aux-Mines.)	Calendes de Noël gelées, Épis grenus. (Répandu.)

On dit sur différents tons et partout en Lorraine :

Nooué à bailcon, Pàques chuē l' tejon.	Noël au balcon, Pàques sur le tison (bûche).

(Allain.)

Naoué au tarons, Pàques au compons.	Noël au soleil, Pàques au feu.

(P. L. : Landremont.)

E Noué lo mouéchiron, E Pàques lo diosson.	A Noël les moucherons, A Pàques les glaçons.

(P. L. : Ortoncourt.)

Lè sa d'masse dè moueneut, quand c'ast l' vot qui bèye, è boûsse lé pain dans lè kessatte ; quand ç'ast lè bihe, elle lé boûsse fieu. (Vagney.)

Le soir de la messe de minuit, quand c'est le vent (d'Ouest) qui donne, il pousse le pain dans la soupière ; quand c'est la bise, elle le pousse dehors.

Le vent qui souffle pendant la messe de minuit, à ce qu'on prétend, dominera toute l'année. (Très répandu.)

Cependant, dans certaines localités, ce vent ne régnera en maître que jusqu'au dimanche des Rameaux. Celui qui dominera le jour de Pàques fleuries prévaudra le reste de l'année. (Vroncourt.)

Bien des gens prétendent découvrir le vent qui donnera et la température qui dominera dans chaque mois de l'année, en examinant le vent et le temps de chacun des douze jours qui suivent Noël. Ainsi, pour ces observateurs, la physionomie météorologique du mois de janvier serait identique à celle du 26 décembre ; celle de février, analogue à celle du 27 décembre, et ainsi de suite [1] :

El vot qu'ie ferè los dousse'premèilr joùnèes après Nawé,
Ce s'rè l' vot d' chècun dos dousse mois d' l'année.

(P. L. : Domgermain.)

Quand l'eau est dans les prés à la *Saint-Jean* de Noël (**27** décembre),
Les prairies seront inondées à la Saint-Jean-Baptiste (**24** juin).

(Sornéville.)

A lai Saint-Thomâ (**21** décembre) Quoïe te pain, buë tos dràs ; Dos tros jounayes, Nooué t'aré.	A la *Saint-Thomas*, Cuit ton pain, lave tes draps ; Dans trois jours, Noël tu auras.

(Housselmont.)

---

[1] On prétend encore découvrir la température de chacun des mois de l'année, ou tout au moins le degré approximatif d'humidité de chacun d'eux, par une expérience singulière, faite pendant la messe de minuit, au moyen de tuniques d'oignons ou de coquilles de noix dans lesquelles on dépose du sel ; mais cette pratique bizarre trouvera mieux qu'ici sa place dans l'ouvrage annoncé précédemment, sur les *Croyances superstitieuses*.

Quelques dictons relatifs à l'augmentation des jours à partir du solstice d'hiver :

Ai lai Saint-Thomas,	A la Saint-Thomas,
Los joues sont à pue bas.	Les jours sont au plus bas.
(Allain.)	

È lè Sainte-Luce (13 décembre),	A la *Sainte-Luce,*
Les jos regransont do sât d'eune [puce.	Les jours augmentent du saut [d'une puce.
(P. L. : Saales.)	

È Noé (25 décembre).	A Noël,
Do sât d'in vé.	Du saut d'un veau.
(P. L. : Saales.)	

Ou bien : Ai Nooué,	A Noël,
D' l'ai bayèïe d'y gé.	Du cri d'un geai.
(Housselmont.)	

Ai l'an nieuf (1er janvier),	A *l'an neuf* (nouvel an),
Don saut di buë.	Du saut d'un bœuf.
(Allain.)	

Is Râs (6 janvier),	*Aux Rois,*
Do boaïa d'in jâ.	Du cri d'un coq.
(P. L.: Saales.)	

E' lè Saint-Antoine (17 janvier),	A la *Saint-Antoine,*
Do repas d'in moine.	Du repos d'un moine.
(P. L. : Saales.)	

Ai lai chand'looure (2 février),	A *la Chandeleur,*
D'in' hoouere.	D'une heure (1).
(Allain.)	

Jouës crochant,	Jours croissants,
Fros queïgeants.	Froids cuisants.
(Allain.)	

Mois de janvier. — En ce mois, le cultivateur demande de la neige et de la gelée.

D'zou l'awe, lai faim ;	Sous l'eau, la faim ;
D'zou lai noche, le pain.	Sous la neige, le pain.
(Allain.)	

Quand sec est janvier,	Janvier d'eau chiche,
Le fermier se réjouit.	Fait le paysan riche.

Gelée d'un bon mois, bon hiver,
Et les biens de la terre met à couvert

---

(1) Le dicton relatif à Sainte-Luce (13 décembre), date évidemment d'avant la réforme du calendrier; s'il n'est plus exact aujourd'hui (car à cette époque les jours décroissent encore), il l'était au xvie siècle, car la fête de Sainte-Luce tombait alors le 23 décembre.

Janvi lo doux,   Janvier doux,
Mars lo rude.   Mars rude.

(P. L. : Bainville-aux-Saules.)

Calendes de janvier gaies,
Temps d'hiver pour celles de mai.

Les fêtes de l'Épiphanie, de la Saint-Vincent, de la Conversion de saint Paul sont l'objet d'un certain nombre de pronostics météorologiques et agricoles qu'on donne sur divers tons, selon les lieux :

Quand l' selo luë l' jouë dos Rôs, Quand le soleil luit le jour des
    [(6 janvier),   [Rois,
L'ouche vint jeusqu'à suë l' tôt. L'orge vient jusqu'à sur le toit.

(Housselmont.)

Quand le slou béille es Roôus, Quand le soleil donne aux Rois,
Lè chêne vint sus les toôus.   Le chanvre vient sur les toits.

(P. L. : Landremont.)

Quand i fat bé ès nors Ros   Quand il fait beau aux *Noirs-Rois*,
   [(11 janvier),
Lo lin, l'oche venant sus les tots. Le lin, l'orge viennent sur les toits.

(P. L. : Saint-Vallier.)

Le jour de *Saint-Vincent* (22 janvier), les vignerons désirent vivement une claire et brillante journée ; ils en tirent bon augure pour la récolte prochaine [1].

Quand l' selou luë ai lai St-Vincent, Quand le soleil luit à la St-Vincent,
Déjè l' vin monte à sarmot.   Déjà le vin monte au sarment.

(Allain.)

Saint-Vincent, clair et beau, A la Saint-Vincent, s'il fait beau,
Promet plus de vin que d'eau. Le vigneron rit et chante tout haut.

(Répandu.)

De Saint-Vincent lè tière jouenée, De Saint-Vincent la claire journée,
Nous annonce ène boun' année. Nous annonce une bonne année.

(P. L. : Domgermain.)

Si le soleil luit toute la journée,
Vinée complète ;
S'il pleut une partie de la journée,
Demi-vinée ;
S'il pleut toute la journée,
Disette complète.

Ce jour-là est, chaque année, fêté par les vignerons ; mais si le soleil se montre, on prend confiance dans la prochaine récolte et l'on fait doublement honneur à la bouteille.

---

[1] On attribue parfois les dictons relatifs à la Saint-Vincent, à saint Vincent Ferrier, dominicain, décédé en 1119, en Portugal, le 5 avril, et dont on fait la fête à Paris, le 13 mars ; je crois que, dans ce cas, chez nous, il y a erreur et que c'est au 22 janvier qu'il faut rapporter ces dictons.

<table>
<tr><td>A la Saint-Vincent,
L'hiver se reprend
Ou se rompt la dent.</td><td>A la Saint-Vincent,
Tout dégèle
Ou tout fond.</td></tr>
</table>

A la Saint-Vincent l'hiver s'étend ;
Il se reprend ou se rompt la dent.

Les pronostics tirés du jour de la *Conversion de saint Paul* (25 février) datent de fort loin. On y ajoutait foi, non seulement dans nos campagnes, mais aussi dans les villes et jusque dans les monastères. Pour le prouver, je dirai que les *Annales messines* du XIVe siècle, du XVe et des temps postérieurs qui se sont occupées de questions d'ordre météorologique, mentionnent avec soin la température de cette journée. En outre, voici quatre vers latins trouvés dans un *Registre* de l'abbaye de Clairlieu, intitulé : *Comment le jour de sainct Paul, c'est assavoir de sa Conversion, qui est toujours le XXVe jour de janvier, signifie quelz temps y fera l'année suyvant :*

> *Clara dies Pauli largos fructus notat anni,*
> *Si nixant pluviœ demonstrant tempora cara;*
> *Si fuerint venti denotant prœlia genti,*
> *Et si sint nebula peribunt animalia queque.*

(*Cartulaire de l'abbaye de Clairlieu*, § 461, registre.)

> S'il fait beau, il y aura abondance de fruits ;
> S'il pleut, c'est signe de chère année;
> S'il vente, c'est annonce de guerre ;
> S'il y a brouillard, c'est aussi mortalité des animaux.

De même qu'à la Saint-Vincent :

<table>
<tr><td>Si à la Saint-Paul il fait beau,
Il y aura plus de vin que d'eau.</td><td>De Saint-Paul la claire journée,
Nous dénote une bonne année.</td></tr>
</table>

(Très répandu.)

<table>
<tr><td>È lè Saint-Paul, belle jonâïe,
Ne promat eune boune ennâïe ;
Mà s'i vint è piure.
Eulle s'rè maure po l'hhure.</td><td>A la Saint-Paul belle journée,
Nous promet une bonne année ;
Mais s'il vient à pleuvoir,
Elle sera mauvaise pour le sûr.</td></tr>
</table>

(P. L. : Landremont.)

<table>
<tr><td>Lè tière jounaih
Dénote belle ennaih ;
Si fât do broyard,
Mortalité de tote part,
Si put, si nache,
Chirtè sus tarre.</td><td>La claire journée
Dénote belle année ;
S'il fait brouillard,
Mortalité de toute part
S'il pleut, s'il neige,
Cherté sur terre.</td></tr>
</table>

(P. L. : . . . . . très répandu.)

<table>
<tr><td>Grand vot traïïenant suë terre,
Grande guerre ;
Brouïà,
Mortalité de tote part.</td><td>Grand vent trainant sur terre,
Grande guerre ;
Brouillard,
Mortalité de toute part.</td></tr>
</table>

(Allamps ; très répandu.)

On prétend que ce jour-là les vents se battent et que celui qui est le plus fort domine toute l'année.

(Allain ; Toul.)

Mois de février. — Février doit avoir à peu près la même physionomie que janvier : neige et gelée.

Quand février *févriotte,*	Si février ne *févriotte* (n'est rigou-
Les autres mois s'en réjouissent.	[reux),
	Vient après mars qui marmotte.

(Assez répandus.)

Mars pieuviooue,	Mars pluvieux,
Automne pouïoooue.]	Automne pouilleux.

(Allain.)

Si févriïe ot chaud,	Si février est chaud,
Croïèz bin sans défaut,	Croyez bien, sans défaut,
Que, pà telle èvoteure,	Que par telle aventure,
Pàques vòrai fródeure.	Pàques verra froidure.

(Allain.)

Févriïe ot, de tourtous los mois,	Février est, de tous les mois,
L' puë coüë et l' moins courtois.	Le plus court et le moins courtois.

(Allain.)

Lè nauve en fevriè,	La neige de février
Ç'ost don fromeroou d' borbis.	C'est du fumier de brebis.

(P. L. : Landremont ; très répandu.)

Quand il tonne en février, de l'année,
Toute l'huile tient dans une cuillerée.

La fête de la *Chandeleur* (2 février) est aussi l'objet d'une foule de remarques. Si elle est un objet d'espérance pour le berger, elle présage encore des froids assez intenses et prolongés.

Ai lai Chandelouë,	A la Chandeleur,
Los grosses douloues.	Les grosses douleurs.

(Housselmont ; très répandu.)

Es chandoles, quand lo slo bèille, lo loup onteure dans sè grotte pou hheille semaines ; quand'i'n'beille-me, ç'ost pou quarante jonées.

(P. L. : Courbessaux.)

Quand ie fàt bé ès Chandolles, l'ours sé r'tire dos sai grotte pou hèc semaines. (P. L. : Saint-Vallier.)

Ces dictons et d'autres analogues sont très répandus ; ils s'interprêtent ainsi :

Si le soleil luit le jour de la Chandeleur,
Ici l'ours, là le loup ou le renard, rentre dans sa tanière pour 6 semaines.
— Si le soleil luit sur l'autel,
C'est l'indice d'une bonne année. (Battigny.)

Mais dans les Vosges on en tire un pronostic différent :

Lé jou das Chandèles, quand l'selo lut lé métin,	Le jour de la Chandeleur, quand le soleil luit le matin,
Lé mouarcare pioeut penre sé pau et n'alla chheta di fouau.	Le *marcaire* peut prendre sa fourche et s'en aller acheter du foin.

(P. L. : Vagney ; même pronostic à Gérardmer.)

A la Chandeleur l'alouette reprend son chant ;
Mais quand elle le fait elle s'en repent,
Car l'hiver ne tarde pas à se reprendre. (Pannes.)

Tout à l'heure, nous avons vu que, s'il fait beau à la Chandeleur, il y a présage de froid très rapproché ; mais les pronostics sont les mêmes, s'il fait mauvais temps:

S'il pleut à la Chandeleur,
L'ours rentre dans sa tanière pour six semaines.
(Moyen, Neuviller-sur-Moselle, Aboncourt, Lenoncourt, etc.)

Quand, en ce jour, la goutte est aux buissons avant l'office du matin, les avares, les usuriers se pendent, car on aura une bonne récolte.
(Piennes.)

Ai lai Chandeloue verdeure, Ai Pâques rodeure.	A la Chandeleur verdure, A Pâques froidure.

(Allain.)

Dans la Lorraine allemande, on prétend qu'il vaudrait mieux, ce jour-là, voir un loup qu'un homme en bras de chemise, c'est-à-dire à demi vêtu pour travailler. La même chose se dit à Allain pour le mois de janvier.

Lorsque les moutons peuvent gagner la Chandeleur, on dit qu'ils sont saufs, car ils vont commencer à trouver un peu de pâture (Allain ; très répandu).

On dit aux cultivateurs, à la même époque, qu'ils ont dû partager la provision de nourriture hivernale en deux, et qu'ils ont dû en réserver la meilleure part pour la période qui suit la Chandeleur (Allain ; répandu).

A la *Saint-Blaise* (3 février),
Déjà l'hiver s'apaise.

Ai lai Sainte-Agathe (5 février), Lai charrue o lai raïatte.	A la *Sainte-Agathe*, La charrue à la raie.

(Allamps.)

È lè Sainte-Egotte, | A la Sainte-Agathe,
On seume l'ovaune è lè royotte. | On sème l'avoine à la raie.

(P. L. : Le Tholy.)

È lè Sainte-Ogôtte, | A la Sainte-Agathe,
Les avouènes è lè royotte; | Les avoines à la raie;
Si elles n'y sont-mi, | Si elles n'y sont pas,
Y faut les y motte. | Il faut les y mettre.

(P. L. : Ortoncourt.)

Même dicton sous un autre patois à Courbesseaux.

Saint-Mèthias kesse lai diesse, | *Saint-Mathias* (24 ou 25 février [casse la glace,
Siye n'y ot n'ai ; | S'il y en a;
Siye n'y ot n'ai o n'est point, | S'il n'y en a point,
L'ot fâ. | Il en fait.

(Allain ; très répandu.)

Ai Madè-Gras s'ye fâ bé, | Au Mardi-Gras, s'il fait beau,
Ai Paques ye faurai l' foùné. | A Pâques il faudra lo fourneau.

(Allain.)

Jaimâ févriïe n'est pairté, | Jamais février n'est parti,
Sans aiwïe grouseléie feuïé. | Sans avoir groseiller feuillé.

(Allain ; très répandu.)

PRINTEMPS. — **Mois de mars.** — Il faut désirer, pour ce mois, un hâle assez froid et un peu humide, pour entretenir la végétation, sans toutefois la laisser se développer trop. Ce mois, du reste, est l'objet d'un grand nombre de proverbes, car c'est la clef de l'année : il a une certaine influence sur les récoltes de la prochaine campagne. En voici quelques-uns parmi les plus répandus :

Mars pieuviowe, | Mars pluvieux,
An disettowe. | An disetteux.

(Allain.)

Pluie en mars, | Mars pluvieux,
Mauvaise récolte. | Été nébuleux.
Quand mars trouve los foussés | Quand mars trouve les fossés
piens d'awe, | pleins d'eau,
Ye laus ye laïe. | Il les y laisse.

(Allamps.)

Mars soche et bé | Mars sec et beau
Ropiöïené grainches et tounés. | Remplit granges et tonneaux.

(Allain ; se dit également à Toul.)

Quand mars fâ l'èvré, | Quand mars fait avril,
L'èvré fâ l' mars. | Avril fait mars (récipr.).

(P. L. : Landremont.)

L'hâle de mars	Le hâle de mars
Airive tôt ou tâ.	Arrive tôt ou tard.

(Housselmont.)

Mars halooùe	Mars hâleux
Mairie lai bâcelle d'on raibourowe.	Marie la fille du laboureur.

(Allain.)

Hâle de mars, pieu d'èvri et rosèye de mâye,
Temps è sohet.

(P. L. : Sommerviller.)

Hâle de mars, pieuche d'avril et chaud mai
Mottent le biè au gueurné.

(Toul : *Proverbes et dictons.*)

Ces deux dictons se rendent par ce troisième :

Hâle de mars, pluie d'avril, rosée de mai (ou chaud mai)
Rendent août et septembre gais.

La poussière de mars vaut de l'or :
Elle enrichit le laboureur.   (Lenoncourt.)

On dit encore qu'il faut :

En mars, grésil ; en avril, pluie ; en mai, rosée.

Ou bien comme à Marainviller :

En mai, rosée ; en mars grésil ;
Et pluie abondante en avril.

Quand i tinne en mars,	Quand il tonne en mars,
On pue dire : hélas !...	On peut dire : hélas !

(P. L. : Granvillers.)

Quand on ouïe le tonnoure en mars,	Quand on entend le tonnerre en mars,
On put dire que les vèches sont trasses.	On peut dire que les vaches sont traites.

(P. L. : Landremont.)

Les brouillards de mars sont un sujet de crainte pour des gelées en mai :

Brouillard en mars,
A pareil jour, gelée ou pluie en mai.

(Proverbe général.)

On exprime ainsi ce dicton à Girecourt-lès-Viéville (P. L.) :

Quand i fat do broyârd en mars,
Ç'ast pou dè geolaye ou dè puche en maye.

Et à Domgermain :

Auch'tont d'brouïà o mars,
Auch'tont de gealées ou d' pieulch o mée.   (P. L.)

Mais dans certaines localités, on a confiance dans la pluie du *Vendredi-Saint* qui, à ce qu'on prétend, détruit l'effet des brouillards de mars, en préservant de gelée en mai.

Les travaux de la vigne, dans certaines régions, commencent avec le mois de mars :

A lai Saint-Aubin, mars à maitin,

Prod ta sarpotte et va-t-ot on vin.

A la *Saint-Aubin* (1er mars) mars au matin,

Prends ta serpette et va à la vigne.

(Housselmont.)

Tèe tè vène è lè Saint-Aubin,
Si t' vu avoi do raisin ;
Tèe-lè pus tôt,
Si t' vu en avoi de pu gros.

Taille ta vigne à la Saint-Aubin,
Si tu veux avoir du raisin ;
Taille-là plus tôt,
Si tu veux en avoir de plus gros.

(P. L. : Saint-Vallier.)

Tèïe tot, tèïe tâ:
Y n'est d' té qu' lè tèïe de mars.

Taille tôt, taille tard :
Il n'y a telle taille que celle de mars.

(Allain.)

On prétend que les arbres, le jour de la fête de *Saint-Joseph* (19 mars), peuvent être transplantés sans racines, ils reprennent bien (allusion au temps favorable de la saison pour faire cette opération).

(Allain ; Alsace-Lorraine.)

On ajoute que, ce jour-là, les oiseaux se marient.

A la Saint-Joseph, beau temps,
Promesse de bon an.

C'est à cette époque que l'on doit commencer à faire et à semer les jardins (Allain).

Quand, en semant l'avoine, on enterre la neige,
Cela vaut du jus de fumier.
Le frai tranquille et beau indique une bonne année;
Mais s'il va à vau-l'eau,
C'est grand signe d'eau.

(Toul : *Proverbes et dictons*.)

Lorsque le pêcher fleurit,
Le jour est égal à la nuit.

(Vignobles du Toulois.)

Les fleurs de mars
Ne chargent pas les arbres.

(Mercy-le-Haut.)

E faut s'mé les vèyes s'moces i vie d'lune,
Et les novelles à crohhant.

Il faut semer les vieilles semences à la vieille lune,
Et les nouvelles quand elle croit.

(P. L. : Le Tholy.)

On ne doou-me pianter, ni sommer, dans lè novelle lune.

On ne doit pas planter, ni semer, dans la nouvelle lune.

(P. L. : Landremont.)

Mois d'avril. — Tous les proverbes qui se rapportent à ce mois peuvent se résumer à dire que la température de cette période doit être humide et douce.

Piue d'èvri Vat di fumîe de berbis.	Pluie d'avril Vaut du fumier de brebis.

(P. L. : Sommerviller; très répandu.)

Froche avri et chaud mai Amounont éul bié on gucurnéïe.	Frais avril et chaud mai Amènent le blé au grenier.

(Allamps.)

Pluie à la pointe d'avril, Beaucoup de foin.	Quand avril commence trop doux, Il finit le pire de tous.

(Très répandu.)

L' tièncire di moués d'èvri Vaut flé d' berbis.	Le tonnerre du mois d'avril Vaut du fumier de brebis.

(P. L. : Rupt.)

Quand i tinne en èvri, On pue s' réjoï.	Quand il tonne en avril, On peut se réjouir.

(P. L. : Granvillers.)

Tinaure en évri, Prépare tes baris.	Tonnerre en avril, Prépare tes barils.

(P. L. : Sommerviller; très répandu.)

Raisin d'avri Ne va-me on bari.	Raisin d'avril Ne va pas dans le baril.

(P. L. : Girecourt-lès-Viéville; très répandu.)

Bourgeon qui pousse en avri Mot pô de vin au bori.	Bourgeon qui pousse en avril Met peu de vin au baril.

(P. L. : Gelvécourt.)

En avril nuée, En mai, rosée.	En avril, s'il tonne, Nouvelle bonne.

(Assez répandu.)

Y n'y est si bé mois d'èvré Qu' n'auïe s' chêpé d' gresé.	Il n'y a si beau mois d'avril Qui n'ait son chapeau de grésil.

(Allain ; très répandu.)

Èvré froôud, maïe chaud, Bèïe don pain tot èvau.	Avril froid, mai chaud, Donne du pain partout.

(P. L. : Landremont.)

On dit que c'est le 7 avril que doit arriver et se faire entendre le coucou. (Allain.)

Onteure lè Saint-George (23 avril) Et lê Saint-Moua (25 avril), I crave eune bête De chaud ou de frad.	Entre la *Saint-Georges* Et la *Saint-Marc*, Il crève une bête De chaud ou de froid.

(P. L. : Lusse.)

Si Saint-Marc trouve, il prend ;
S'il ne trouve rien, il donne.
(Toul : *Proverbes et dictons*.)

Ai la Saint-Geôges, Soum' t'n'oche.	A la Saint-Georges, Sème ton orge.

(Allain.)

È lé Saint-Geoûche, Some t'n'ooûhe ; È lé Saint-Marc, Ç'ast trap tât.	A la Saint-Georges, Sème ton orge ; A la Saint-Marc, C'est trop tard.

(P. L. : Landremont.)

Ovouëne d'avri, C'ost pou l' biqui.	Avoine d'avril, C'est pour le biquet.

(P. L. : Bainville-aux-Saules ; très répandu.)

Quand arrive la Saint-Georges,
Sème ton chènevis et laisse ton orge. (Loyr.)

Mais le chanvre se sème encore beaucoup plus tard ; à Allain, l'époque moyenne est du 10 au 20 mai ; on en sème, dit-on, à Saulxures-lès-Vannes, jusqu'au 20 et au 24 juin.

El mois d'avri N's'o va jèmas Son z'épi. (P. L. : Domgermain.)	Jaima aivré N'est pairté Sans s'n'èpé.	Jamais avril N'est parti Sans son épi (de seigle). (Allain ; très répandu.)

Quand il pleut le jour du *Vendredi-Saint*, on prétend que la terre sera difficile à cultiver toute l'année (Allain).

Ailleurs on dit :

Quand i piut l' Venr'di-Saint, I fat chache los troous quarts de l'ennaïe.	Quand il pleut le jour du Vendredi- Saint, Il fait sec les trois quarts de l'année.

(P. L. : Landremont.)

S'é d'jèie lè neut di Venredi- Saint, È d'jèleré dos tchèque moués d' l'ennaye.	S'il gèle la nuit du Vendredi- Saint, Il gèlera tous les mois de l'année.

(P. L.: Saint-Maurice.)

On prétend que le Vendredi-Saint est le jour le plus favorable pour mettre le vin en bouteilles, à cause de son rapprochement de la pleine lune de mars. (Allain ; très répandu.)

C'est encore ce jour-là, selon ce qu'on prétend, qu'il faut tailler les treilles pour que, plus tard, les rats n'aillent pas manger les raisins arrivés à maturité.

Pâques hâtif,		*Pâques* pluvieux,
Bonne année (réciproquement).		Pâture sèche (et réciproquement).

(Allain.)

Pàques pluvieux,
Parfois fromenteux,
Plus souvent disetteux.

Frade Pompe,	Frade Pouaurme,	Froids *Rameaux*,
Chaude Paiques ;	Chaude Pâques ;	Chaudes Pâques,
Chaude Pompe,	Chaude Pouaurme,	Chauds Rameaux,
Frade Paiques.	Frade Pâques.	Froides Pâques.

(Marainviller.

(P. L. : Lusse et Vagney.)

On sait que le **lierre** fleurit en hiver et développe ses fruits au commencement du printemps ; puis, vers Pâques, les baies sont à peu près arrivées à maturité. Si, à cette dernière époque, les baies en question sont nombreuses, noires à l'extérieur, d'un rouge foncé à l'intérieur, on en tire présage que la prochaine récolte de vin sera abondante et de bonne qualité. Si, au contraire, ces baies sont clairsemées, par suite de **coulure** ; que la maturité laisse à désirer, on conjecture une mauvaise année de vin comme qualité et quantité. (Allain, Bagneux, vignobles du Toulois.)

Si l' rampâ ost chôgé,		Si le lierre est chargé (de fruits),
Y n'y arè tout pien d' rajins.		Il y aura beaucoup de raisins.

(P. L. : Domgermain.)

Si los fruets del' rampâ sant bel et noï,
Los rajins vinrant bel et noï et on ferè dowe bon vin.

Ce qui se traduit ainsi :

Si les fruits du lierre sont beaux et noirs,
Les raisins viendront beaux et noirs et on fera de bon vin.

(P. L. : Domgermain.)

Mois de mai. — Il est à désirer que le mois de mai, dont l'influence sur la végétation est si grande, soit constamment beau, un peu humide, doux, pour activer la végétation.

Lè chalou don mois de màïe		La chaleur du mois de mai
Se revaut toute l'ennaïe.		Se revaut toute l'année.

(P. L. : Landremont.)

Mai frais et venteux		Mai gai et venteux,
Fait l'an plantureux.		An fécond et gracieux.

(Très répandu.)

Mai frais et chaud juin		Mai pluvieux,
Donnent pain et vin.		Chaud juin.

(Très répandu.)

En mai, du vent		La rosée de mai
Réjouit le paysan.		Fait tout beau ou tout laid.

(Très répandu.)

Tonnerre en mai,
Adieu les vaches à lait.   (Remiremont.)

Quand on entend le tonnerre dans les trois premiers jours de mai, on prétend, dans les Vosges, que les vaches ne donneront point de lait le reste du mois ; c'est ce qu'annonce déjà le pronostic précédent.

Dans le canton de Colombey, s'il pleut les trois premiers jours de mai, on prétend qu'il tombe des chenilles, autrement qu'il y aura dans le cours de l'année quantité de chenilles. C'est ce qu'annonce le dicton suivant :

Quand ie pieut los premeïes jous d' maie
Ç'là fâ avouïe dos vormines;   (Housselmont.)

Ai lai Sainte-Creuïe,	A la *Sainte-Croix* (3 mai),
Los borbés à tondeuïe.	Les brebis à la tonte.

(Allain ; très répandu.)

Tote fomme de rahon	Toute femme de raison
Eune tond-me ses moutons	Ne tond pas ses moutons
Devant les Rogations.	· Avant les *Rogations*.

(P. L. : Landremont.)

R'mairque bin, si t' *m'ot crô*,	Remarque bien, si tu m'en crois,
Eul lend'main d'lai Sainte-Creuïe :	Le lendemain de la *Sainte-Croix*
	(4 mai) :
On dé, pou l' sûr,	On dit, pour le sûr,
Que si l' top ot pûr	Que si le temps est pur,
Y n'y airai tout pien d' grain ;	Il y aura beaucoup de foin et de
	grains ;
Mâ si l'ot pieuviowe,	Mais s'il est pluvieux,
L'ainaïe s'rai disettowese.	L'année sera disetteuse.

(Allain.)

S'è pieut lè d'jô d'lè Sainte-Cre,
È faut s'mâ di lin ch'què sus las bretches.

Proverbe qui se traduit ainsi :

S'il pleut le jour de la Sainte-Croix,
Il faut semer du lin jusqu'à sur les rochers.

(L. P. : Rupt.)

È lè Saint-Gengout (11 mai),	A la *Saint-Gengout*,
Soume te chenevou.	Sème ton chènevis.

(P. L. : Circourt-lès-Mouzon.)

Ne le semez pas aux Rogations,
Il faudrait l'arracher à genouillon (à genoux).

(P. L. : Val-d'Ajol.)

Chaque année, il se produit, dans le cours de ce mois, une période de froid qui provoque des gelées souvent désastreuses, surtout pour la vigne et les arbres fruitiers. Comme ce refroidissement se produit souvent du 11 au 13 mai, on a donné aux saints dont l'Église célèbre la fête en ces jours-là, les noms de *saints de glace* : *saint Mamert* (11 mai) ; *saint Pancrace* (12 mai) ; *saint Servais* (13 mai). Mais, comme on le verra plus loin dans un tableau de quelques gelées printanières, cette période de refroidissement n'a rien de fixe.

> Les trois saints de glace,
> Saint-Mamert, Saint-Pancrace, Saint-Servais,
> De leur passage en mai
> Laissent souvent la trace.
> (Toul : *Proverbes et dictons*.)

Avant la Saint-Servais,	Après la Saint-Servais,
Point d'été.	Plus de gelée.

Ce qui n'est pas rigoureusement vrai, car souvent il survient des gelées désastreuses à la fin de mai. Ces adages me paraissent assez hasardés : je croirais plus volontiers au suivant :

> Tant que la *Saint-Urbain* (25 mai) n'est point passée,
> Le vigneron n'a rien de bien assuré ;

ou bien :

> Après la Saint-Urbain,
> Plus ne gèle, ni pain ni vin.

Cache, cache tes mains,	Saint-Urbain, dans ses mains,
C'est demain la Saint-Urbain.	Les biens de la terre tient.

(Vic.)

Saint Urbain, du reste, est le dernier des *saints geleurs,* dont voici la liste : *Georget* (saint Georges), *Marquet* (saint Marc), *Croizet* (Invention de la Sainte-Croix), *Urbinet* (saint Urbain).

> Le pire de tous, quand il s'y met (saint Urbain).
> Car il casse le robinet.　　　　(Mercy-le-Haut.)

> Tant que les *Rogations* ne sont point passées,
> Il n'y a point de bon temps à espérer.　　　(Allain.)

> L' top que l'épine bianche fièré, ye fà toujoue frô.
> Pendant que l'aubépine fleurit, il fait toujours froid.　(Allain.)

> Mais aussitôt qu'a paru la fleur de l'*aubépine,*
> C'en est fait des gelées, tout au moins pour la vigne.
> (Toul : *Dictons et proverbes*.)

En Champagne, on prétend que, lorsqu'au printemps, les lombrics, ou vers de terre, sortent de leur retraite et s'enroulent en plein air pour s'accoupler ou frayer, les gelées ne sont plus à craindre.

Si les grenouilles, en cette saison, coassent le soir, il n'y a pas, pour le lendemain, de crainte à avoir pour de la gelée.

(Allain ; très répandu.)

La température des trois jours des *Rogations* présage : 1º celle du lundi, le temps qu'il fera à la fenaison ; 2º celle du mardi, celui qu'on aura pour la moisson ; 3° celle du mercredi, celui de la vendange (Allain ; très répandu dans la montagne comme dans la plaine, ainsi que vont encore l'attester les dictons suivants) :

Sè pieut l' premè jô des Rogations, è pieuvrè pou rètra l' fouo ; sè pieut l' douzième jô è pieuvrè pou fare lè mouhon ; sè pieut l' traugième jô è pieuvrè pou fare lé vendange. (P. L. : Saint-Maurice.)

Quand i fât bé es Rogations, lè promëïe jo c'ast po lè fenau, lé douzime po lè mohhon, lé troouhime po lè vendange. (P. L. : Landremont.)

Dans la Lorraine allemande, on prétend que la pluie du lundi assure l'abondance des prairies ; celle du mardi prédit du grain maigre, mais beaucoup de paille ; celle du mercredi, pauvre vendange et mauvais vin (Hargarten-aux-Mines ; — Toul : *Proverbes et dictons*).

Ennaye de chadions,	Année de chardons,
Ennaye de grennehon.	Année de bon grain.

(P. L. : Girecourt-lès-Viéville.)

Si v'satiè d'vant lai Saint-Gigowe,	Si vous échardonnez avant la Saint-Gengoul,
D'ie châdon, l'ot r'vint dowe.	D'un chardon il en revient deux.

(Allain ; très répandu.)

Piantai vos fèves ai lai Saint-Gebrin (7 mai),	Plantez vos haricots à la *Saint-Gibrin*,
Vo n'airo tout pien ;	Vous en aurez beaucoup ;
Ai lai Saint-Gigowe (11 mai),	A la *Saint-Gengoul*,
Vo n'airo vout' sowe ;	Vous en aurez votre content ;
Ai lai Saint-Diaude (6 juin)	A la *Saint-Claude*,
Eul raitraiperont los autes.	Ils rattraperont les autres.

(Allain ; très répandu.)

Plantez-les à la Saint-Boniface,
Vous en aurez sur chaque face.

(Alsace-Lorraine ; Fontenoy-la-Joûte.)

Dans les Vosges, pour que les fèves viennent bien, on prétend qu'il faut les planter les samedis du mois de mai, surtout le premier.

(Remiremont et environs.)

Pour les pommes de terre :

Piante-mi tôt, piante-mi tâd,	Plante-moi tôt, plante-moi tard,
Je n' levra qu'en mâ.	Je ne lèverai qu'en mai.

(P. L. : Dompaire ; Marainviller.)

Piante-les tôt, piante-les tâd,	Plante-les tôt, plante-les tard,
Eules ne levrot-me d'vant lo 15 de mâ.	Elles ne lèveront pas avant le 15 de mai.

(P. L. : Gelvécourt.)

Quand los *maïes* de lai *Fête-Diù* sochont biu,	Quand les *maies* (la verdure) de la Fête-Dieu sèchent bien,
On n'airai eun' belle f'nau.	On aura une belle fenaison.

(Allain.)

Lé foué	Le foin
Soche aux pras,	Sèche aux prés,
Comme las més	Comme les *maies*
As tâts.	Aux toits.

(P. L. : Rupt.)

Quod les mâzeux sochot bé, dos lé heutaine,	Quand les *maies* sèchent bien, dans la huitaine,
Os ont do bèye tops po f'né.	On a du beau temps pour faner.

(P. L. : Gérardmer.)

Dans la Lorraine allemande, on dit :

S'il fait beau à la Fête-Dieu,
Il fera beau à la fenaison et à la moisson.

Ai l'Aicension,	A l'*Ascension*,
Los fraises rougeont ;	Les fraises rougissent ;
Ai lai Pentecote,	A la *Pentecôte*,
Eul vont dos l'airousotte ;	On les met dans l'arrosoir ;
Ai lai Fête Diù,	A la *Fête-Dieu*,
Yo n'o n'ai puë.	Il n'y en a plus.

(Allain.)

A la Pentecôte,
La cerise est notre hôte (¹).

Si y pieut ai lai Sainte-Pétronie (31 mai),	S'il pleut à la *Sainte-Pétronille*,
Los ragins deveuont graipies,	Les raisins deviennent grapilles,
Ou choïont ot guenie.	Ou tombent en guenilles.

(Allain.)

Quand t' voïré el seilgnan fièrie,	Quand tu verras le *sureau* fleuri,
Dos ieuil joûs t' voïré dos ragins fièris.	Dans huit jours tu trouveras des raisins fleuris.

(P. L. : Domgermain.)

Quand te voré l' bôs puant fiéré,	Quand tu verras le *troène* fleuri,
Eurouàte dos los vins, t' voré dos ragins fièrés.	Regarde dans les vignes, tu verras des raisins fleuris.

(Allain.)

Même dicton, à Domgermain, au sujet de la floraison du chèvre-feuille :

... pac'que l' vin va coumm' el chevrecôue, et quond l' chevrecôue mole, le rajin coummoce à moler ons vin.	... parce que le vin va comme le chèvrefeuille, et quandl e chèvrefeuille mêle, le raisin commence aussi à mêler à la vigne.

(P. L. : Domgermain.)

(¹) Ces dictons paraissent remonter à une époque antérieure à la réforme du calendrier, à cette période signalée au commencement de ce travail, pour laquelle j'ai cité des cas de végétation précoce très nombreux.

ÉTÉ. — Lois de juin. — Si la température du mois de mai a de l'importance pour le développement régulier de la végétation, celle du mois de juin n'est pas moindre. C'est en juin que le blé épie et que la vigne fleurit. Pour la vigne, il faut de la chaleur au moment de la floraison ; tandis que, quand le blé va en fleur, il faut désirer un temps un peu couvert, même un vent d'Ardennes généralement sec et froid, car on l'a vu précédemment :

Le vent d'Ardenne
Ne fait de bien en Lorraine
Que quand le blé graine (quand le grain se forme).

(Très répandu.)

Quand le biè va ot fleur,	Quand le blé va en fleur,
Ye faut que l' raibouroue pouteuse	Il faut que le laboureur porte des
des moufles.	moufles.

(Allain ; très répandu.)

Ai lai Saint-Bairnaibé (11 juin),	A la Saint-Barnabé,
Mot tai faulx on prè.	Mets ta faux au pré.

(Allain.)

Beau temps en juin,	Juin pluvieux,
Abondance de grains.	Vide celliers et greniers.

C'est en ce mois qu'arrive le solstice d'été, souvent accompagné d'orages, de pluies persistantes, objet d'un certain nombre de pronostics, de dictons que celui de *Saint-Médard* paraît résumer. Mais ce n'est pas un privilège exclusif que possède l'évêque de Noyon ; d'autres saints du calendrier, d'autres fêtes de l'Église, qui tombent vers cette époque, le partagent avec lui, ainsi :

Quand è pieut l'jo d'lè *Trinitè*,	Quand il pleut le jour de la Trinité,
È pieut hhèi semaines.	Il pleut six semaines.

(P L : Vagney.)

Ç'ost pou quarante joûs sans	C'est pour quarante jours sans
bé.	beau temps.

(P. L. : Domgermain.)

C'est pour quarante jours.

(Allain ; très répandu.)

C'est pour treize dimanches.

(Laneuveville-derrière-Foug.)

Pieuîche ai lai nouvelle leune de	Pluie à la nouvelle lune de juin
juin	
Deure tourtou l' mois,	Dure tout le mois,
Et los foins vont mau.	Et les foins vont mal.

(Allain ; même dicton à Toul.)

Si *Sainte-Apolline* nous mouille (31 mai),
Que *Saint-Claude* le ciel débrouille (7 juin),
Il pleuvra peu de temps :
Au lieu que *Saint-Médard* (8 juin)
Pendant 40 jours,
Fera le grand pissard.

Les pronostics sur la Saint-Médard se donnent sous une foule de formes :

Quand i pieut è lè Saint-Médâd, I pieut co hheye s'maines pus tâd.	Quand il pleut à la Saint-Médard, Il pleut encore 6 semaines plus tard.

(P. L. : Granvillers ; même dicton à Domgermain.)

La première partie de ce dicton se complète de différentes façons :

S'il pleut à la Saint-Médard,
Le tiers des biens est au hasard,
De la récolte emporte le quart,
On ne boit ni vin, ni mange lard,
Il pleut matin et soir.

On dit à Allain : Il faut qu'il pleuve en cette saison-là,
Saint Médard irait plutôt chercher la pluie jusqu'au Canada.

Tous ces pronostics sont anciens assurément ; en voici un certainement antérieur à la réforme du calendrier :

« Ce jour-là (8 juin) est la Saint-Médard, évesque de Noyon, à la mort duquel l'on dict communément qu'il tomba de l'eau chaude ; de là est un commun dire et l'on juge et estime que s'il pleut ce jour-là, il pleuvra abondamment le reste dudict mois, voire même quarante jours ou six semaines : partant est appelé le *planteur de choux.* (Le *Promptuaire de Germiny,* imprimé dans la seconde moitié du XVIᵉ siècle.)

Souvent le dicton de Saint-Médard se modifie ainsi :

Quand il pleut à la Saint-Médard,
Il pleut quarante jours plus tard ;
Mais vient *Saint-Barnabé* (s'il fait beau)
Qui lui casse le nez (par du beau temps)
Et peut tout réparer.

(Vaville ; très répandu.)

Ou bien : *Saint-Barnabé* (11 juin) corrige Saint-Médard
Et raccommode ce que celui-ci a gâté.

On dit encore

Saint-Medà, Grand p'hhâ ; Saint-Barnabé, L'y casse le nez.	Saint-Médard, Grand pissard, Saint-Barnabé, Lui casse le nez.

(P. L. : Landremont.)

Cependant la pluie de Saint-Médard ne doit pas trop effrayer, puisqu'on dit encore :

Pieuïche ai lai Saint-Médà,	Pluie à la Saint-Médard,
C' n'ost ni trou tô, ni trou tâd,	Ce n'est ni trop tôt ni trop tard.

(Allain ; assez répandu.)

Mais voici encore d'autres dictons analogues à celui de Saint-Médard :

Pluie de *Saint-Jean* (24 juin)	*Saint-Pierre* et *Saint-Paul* (29 juin)
Dure longtemps.	pluvieux,
	Pour trente jours sont dangereux.
Quand è pùt lo jou de Saint-Jean,	Quand il pleut le jour de St-Jean,
L'orge s'on và dépérissant.	L'orge s'en va dépérissant.

(P. L.: Gelvécourt.)

S'il pleut à la *Visitation* (2 juillet),
Il pleuvra pendant 40 jours.

(Hargarten-aux-Mines.)

On voit que les pronostics de pluies persistantes se prolongent jusqu'au 2 juillet ([1]). Si quelques-uns, dans la première partie du mois de juin vantent l'utilité de la pluie, ceux de la fin s'accordent à considérer les pluies persistantes comme très dangereuses :

Pieuïche ai lai Saint-Avit (17 juin)	Pluie à la *Saint-Avit*
Fâ dèmeunié l' vin jeusqu'on bairé.	Fait diminuer le vin jusqu'au baril.

(Allain ; très répandu.)

Avant la Saint-Jean,	Après la Saint-Jean,
Pluie est bienfaisante.	Pluie est malfaisante.

(Assez répandu.)

Eau de Saint-Jean perd le vin
Et ne fournit pas de pain.

D'vant lai Saint-Jean,	Avant la Saint-Jean,
N' vantè-me l'an.	Ne vantez pas l'an.

(Allain.)

([1]) La plus grande partie de ces pronostics remontent, selon toute apparence, à une époque antérieure à la seconde moitié du XVIe siècle, ou la réforme du calendrier. Le 8 juin peut donc, dans ces nombreux adages, correspondre au 18 juin, c'est-à-dire au solstice d'été, ou à peu près.

Selon le Dr Bérigny, dans une période de 33 ans, le proverbe de la Saint-Médard ne s'est pas complètement réalisé une seule fois, dans les 18 années, où il a plu le jour de cette fête. Deux des années qui s'en sont le plus rapprochées ont fourni, sur six semaines, la première, 32 journées de pluie, la seconde 27 journées. Dans les quinze autres années où il n'a pas plu, il y a eu une moyenne de 17 jours de pluie.

A Metz, de 1851 à 1868, il a plu cinq fois le 8 juin ; la moyenne des jours de pluie de ces cinq années a été de 15, et dans les treize autres où il n'a pas plu le jour de Saint-Médard, la moyenne des jours de pluie a été de 14.

A Toul, M. Husson a fait des recherches pour la période de 1874 à 1880 et a trouvé trois années où il a plu à la Saint-Médard. Ces trois années ont donné en totalité 63 jours de beau temps et 57 de pluie.

Si ye pieut ai lai Saint-Jean, Los noïes, los noïegeottes s'a' n'awont.	S'il pleut à la Saint-Jean, Les noix et les noisettes se noient.

(Allamps ; très répandu.)

S'il pleut la veille de la Saint-Jean,
Les noisettes sont noyées.

(Hayes ; Lorraine allemande.)

Pour que les raisins soient en bonne voie, sous le rapport de la végétation, il faut que les graines soient formées et le raisin retourné :

Ai lai Saint-Jean, Verjus pendant.	A la Saint-Jean, Verjus pendant.

(Allain ; très répandu.)

È lè Saint-Jean, Raisin pendant, Ovouène molant, Neuhottes rossiant.	A la Saint-Jean, Raisin pendant, Avoine épiant, Noisettes roussisant.

(P. L.: Ortencourt.)

Mais si, à la Saint-Jean, la vigne n'est pas arrivée à ce degré d'avancement dans la végétation, les vignerons ne désespèrent pas, car, disent-ils, « la vigne n'a pas d'âge ».

Telle température ont les raisins à leur naissance,
Telle elle sera au moment de la floraison,
Telle elle sera encore au moment où les raisins mêleront.

(Allamps, Housselmont, Allain.)

Auch' tant d' joues, d'vant ou aipré lai Saint-Jean, los ougnons d'élé flèront, auch'tant d' joues, d'vant ou aipré lai Saint-Remé, se f'ré lai vodoche.

— Autant de jours, avant ou après la Saint-Jean, les *lys* fleurissent, autant de ours, avant ou après la Saint-Remy, aura lieu la vendange.

(Allain ; très répandu.)

Plus la floraison du lys est hâtive,
Plus tôt se fera la vendange.   (Toul.)

Mais, à Domgermain, il y a quatre jours de retard sur le pronostic précédent :

Auch'tont de joûnées que l'ougnan d'ali flèri après la Saint-Jean, auch'tont de joûnées que la vodoche serè r'tardée après la Saint-François (4 octobre).

— Autant de journées le lys fleurit après la Saint-Jean, autant de journées la vendange sera retardée après la Saint-François.

Le lys très orné
Annonce une bonne année.

(Toul : *Proverbes et dictons*.)

Ainaïe de foin, Ainaïe de rin.	Année de foin, Année de rien.

(Allain.)

Ce qui n'est pas toujours exact ; mais

Jaimâ socheresse	Jamais sécheresse
N'aimoun' pauresse.	N'amène disette.

(Allain.)

Quand l' foin s'pûré,	Quand le foin se pourrit,
L' ragin s'mûré,	Le raisin se nourrit,
Mâ toute bête s'pûré.	Mais toute bête se pourrit.

(Allain.)

È lè Saint-Bernébé (11 juin),	A la Saint-Barnabé,
Soume tos nèvés ;	Sème tes navets ;
Si te les vues pus groûs,	Si tu les veux plus gros,
Soume-los pus toût.	Sème-les plus tôt.

(P. L. : Circourt-lès-Mousson.)

Q'veut bons naivés.	Qui veut bons navets,
Los soum' ot juîet.	Les sème en juillet.

(Allain.)

Mois de juillet. — On demande, en ce mois, de la chaleur, tempérée de quelques ondées bienfaisantes venant à propos.

Ainaïe de jaunottes,	Année de *jaunottes* ([1]),
Ainaïe de guernottes.	Année de blé maigre.

(Allain.)

Saint-Thiébaut (1er juillet)	*Saint-Thiébaut*
Rèmouène le chaud.	Ramène le chaud.

(P. L. : Bellefontaine.)

Quand i put lo jou de Saint-Thi-baut,	Quand il pleut le jour de Saint-Thiébaut,
A mat les tannés sus lo haut.	On met les tonneaux au grenier.

(P. L. : Girecourt-lès-Viéville.)

Si t'vouill' dos mar'chaux pien après los çops,	Si tu vois beaucoup de coccinelles aux ceps,
El vin serè bon.	Le vin sera bon.

(P. L. : Domgermain.)

O l'èté si t'oué	En été si tu vois
Tout pien d'airignies,	Beaucoup d'*araignées*,
Tout pien d' vôsces,	Beaucoup de *guêpes*,
Tout pien d' mairchaux,	Beaucoup de *coccinelles*,
L' vin serai bon.	Le vin sera bon.

(Allain.)

Y n'y è-t'ie ie p'tjt ver dos los peumott' de chéne,
Ye pieuvrè tout pien ;
Mès si n'y è ine petite mouche dedos,
L'année s'ré soche et l' vin bon.

([1]) *Agaric* comestible, de couleur jaune (d'où le nom de *jaunottes*), qui croît en juillet, dans les sols silicéo-argileux, sous les hautes futaies de nos forêts, dans les années humides.

Y a-t-il un petit ver dans les *pommes du chêne* (excroissances char-
nues qui se développent sur les feuilles du chêne), il pleuvra beaucoup :

Mais s'il y a dedans une petite mouche,
L'année sera sèche et le vin bon.
(P. L.: . . . .)

Ai lai Sainte-Marguerite,	A la *Sainte-Marguerite* (20 juillet),
Longe pieuïche ot maudéte :	Longue pluie est maudite :
Eul chô s' nûré,	Le chou se nourrit,
Mâ l' grain s' pûré.	Mais le grain se pourrit.

(Allain.)

Ai lai Sainte-Madeleine (22 juillet),	A la *Sainte-Madeleine*,
Los noïes sont piénes ;	Les noix sont pleines ;
Ai lai Saint-Laurent (10 août)	A la *Saint-Laurent*,
On rouaite dedans.	On regarde dedans.

(Allamps ; Housselmont.)

È lè Modéleine,	A la Madeleine,
Tio l'euche de tes veignes.	Ferme la porte de tes vignes.

(P. L. : Gelvécourt.)

È lè Madeleine, les biés peudent zout' récenne ;
Les raihins màlent et les neuhattes sont piaintes.
— A la Madeleine, les blés perdent leurs racines.
Les raisins mêlent et les noisettes sont pleines.
(P. L. : Landremont.)

Au sujet de la moisson :

' O juïet,	En juillet,
Lai scéïe à pougnet.	La faucille au poignet.

(Allain.)

**Mais, dans le nord du département de Meurthe-et-Moselle, cette
époque est retardée :**

A la Saint-Laurent (10 août),
La faucille au froment. (Mercy-le-Haut.)

Eurouâte tous los maitins,	Regarde tous les matins
Si l'ot top d' côper tos grains.	S'il est temps de couper tos grains.

(Allain.)

Que toute récolte versée,
Au premier jour soit coupée.

Auch'tant de fouë lai caïe crie	Autant de fois la caille crie au
à raibouroue : *Paie tos dottes !*	laboureur : *Paie tes dettes ! Paie*
Paie tos dottes !....	*tes dettes !*...
Auch'tant d'èkes s'vodrai le	Autant d'écus se vendra le resal
rezau d' bié.	de blé.

(Allain.)

Autant de fois la caille *carcayotte*,
Autant d'écus se vendra le sac de blé.   (Très répandu.)
Autant de fois la caille redit son chant,
Autant de cinq francs le sac de blé se vend.
(Toul : *Dictons et proverbes.*)

D'autres disent à ce sujet : si la caille ne répète son cri que trois ou quatre fois de suite, le blé abondera ; mais plus son chant dépasse ce nombre, moins le froment donnera et plus il coûtera.
(Toul : *Proverbes et dictons*.)

On dit encore, en examinant *la bourse du laboureur* :
Auchtant de grains dos lai bourse don raibouroue,
Auchtant d'ëkes s'vodrai le r'zau d'bié.
Autant de grains renferme *la bourse du laboureur*,
Autant d'écus se vendra le resal de blé.   (Allain.)

Dans certaines localités, on prétendait encore pronostiquer l'abondance des récoltes en interrogeant une tige d'ivraie, dont on abattait, de bas en haut, chaque partie de l'épi, en disant successivement sur chaque partie abattue : *Bon pain, bon vin, boun' oche, boun' aiw aine, chire ainaïe* (ou *chie top*) ; *bon pain, bon vin*, etc. (Allain.)

L'indication qui s'appliquait à la grappe de couronne pronostiquait la stérilité ou l'abondance de la récolte.

Dans certaines autres localités, l'expérience se faisait sur une **marguerite des champs**, dont on effeuillait successivement chaque pétale, en y appliquant les désignations précédentes.

A Ménil-la-Tour, c'était sur un épi de blé que la chose se pratiquait.

Mois d'août. — La température de ce mois doit être chaude, entremêlée de quelques ondées, afin de permettre la rentrée des grains dans de bonnes conditions, et de faire promptement arriver les raisins à maturité.

Tout pien d' mouches,	Beaucoup de *mouches*,
Bon vin.	Bon vin.

(Allain.)

On dit encore : beaucoup de mouches, beaucoup de neige ; mais quelles relations peut-il y avoir entre les mouches et les grandes neiges ?

Quand en ce mois on voit en l'air beaucoup de petits nuages, on dit que la neige fleurit.
(Hargarten-aux-Mines.)

Lé piauve d'août	La pluie d'août
Bèie don mie et don bon vin.	Donne du miel et du bon vin.

(P. L. : Landremont.)

Ailleurs on dit :

Quand il pleut en août,
Il pleut miel et bon moût.
(Mercy-le-Haut, Allain : très répandu.)

Ai lai Saint-Laurent (10 août)	A la *Saint-Laurent,*
Lai picuïche airive ai top ;	La pluie arrive à temps ;
Ai lai Noteur'Daime (15 août),	A la *Notre-Dame* (de l'Assomption),
Eco on l'aiëme ;	Encore on l'aime ;
Ai lai Saint-Barthelémy (24 août),	A la *Saint-Barthélemy,*
On lie souffle à derric,	On lui souffle au derrière,
On z'ot fa fi !	On en fait fi !

(Allain.)

La fête de l'Assomption est l'objet d'un certain nombre de remarques ou pronostics, dont voici les plus importants :

De l'Assomption, lai tiatè,	De l'*Assomption* la clarté
Fà don vin lai qualité.	Fait du vin la qualité.

(Allain.)

Si en ce jour le temps est clair et serein,
C'est bon augure pour le vin.   (Metz.)

Ailleurs on dit que si le temps est beau :

Les raisins augmentent pendant six semaines.

(Housselmont.)

Malheureusement, on prétend que cette fête amène changement de temps :

Quand i pût lo jou de l'Assomption,
On bousse les tannés sus lo haut bin pus long.
— Quand il pleut le jour de l'Assomption,
On pousse les tonneaux sur le grenier bien plus loin (qu'on ne les avait poussés après la pluie de la Saint-Thiébaut).

(P. L. : Girecourt-lès-Viéville.)

Quand il pleut le jour de l'Assomption,
Les raisins diminuent jusqu'au baril.

(Allain, Ménil-la-Tour; très répandu.)

Ou bien :   C'ot signe de manre vin.
— C'est signe de mauvais vin.   (Allain.)

A Marbache, on dit, dans les mêmes circonstances :

La vendange ne sera pas bonne, ni le vin de bonne qualité, à cause de la pluie qui se prolongera.

Saint-Barthélemy (24 août) est appelé *le grand batteur d'avoine;* on prétend que ce jour-là il doit faire du vent qui, nécessairement, bat l'avoine, la seule céréale restant encore à cette époque à moissonner.

(Allain ; très répandu.)

A sa fête en août, si saint Barthélemy
Trouve encore de l'avoine, elle est battue par lui.

(Toul : *Proverbes et dictons.*)

Si l'osier fleurit,
Le raisin mûrit.   (Très répandu.)

On prétend que les chardons coupés entre les deux *Notre-Dame,*

c'est-à-dire entre l'*Assomption* et la *Nativité* (8 septembre), ne re-
poussent pas ; aussi, quand les travaux de la moisson sont avancés,
voit-on les cultivateurs aller dans les jachères, avec la houe ou le sca-
rificateur, couper les chardons dans les champs où cette plante nui-
sible se multiplie.   (Allain, Marbache.)

Quand les jos décaheulent en été,	Quand les coqs muent en été,
On érè i longe enhenné.	On aura un long automne.

(P. L....)

AUTOMNE. — **Mois de septembre.** — Le vigneron demande du chaud
pour mûrir et vendanger ses raisins. Le cultivateur aussi pour rentrer
ses denrées, avec un peu de pluie pour faire ses semailles.

Quand il fait de l'orage en septembre,
Les raisins avancent autant de nuit que de jour.

(Allain.)

En septembre s'il tonne,
Richesse ou fruits il donne.   (Répandu.)

Ennaïe de rouoïïn,	Année de *regain*,
Ennaïe de piat vin.	Année de petit vin.

(P. L. : Landremont.)

Ainaïe de foouïne,	Année de *faînes*,
Ainaïe de faimine.	Année de famine.

(Allain ; Le Tholy.)

Tout pien de neuïegeottes,	Beaucoup de *noisettes*,
Tout pien d'èdians.	Beaucoup de glands.

(Allain.)

Ainaïe de neuïegeottes,	Année de noisettes,
Ainaïe de gâchottes.	Année d'enfants (filles).

(Allain.)

Onaye de nègehhes,	Année de noisettes,
Onaye d' bestaux,	Année de bâtards,
Onaye de bon vin.	Année de bon vin.

(P. L. : Gérardmer.)

Ainaïe de bon vin,	Année de *bon vin*,
Ainaïe d'offants.	Année d'enfants.

(Allain.)

Beaucoup de houblon,
Beaucoup de seigle l'année suivante.
Lorsque la cigale chante en septembre,
N'achète point de blé pour revendre.

Autrefois, les veillées, *les loures*, commençaient dès les premiers
jours de septembre, aussitôt les moissons terminées. C'est ce que nous
rappellent les dictons suivants :

A la *Saint-Loup* (1er septembre),
La lampe au clou.

(Allain, Housselmont, Mercy-le-Haut.)

È lè Saint-Mansuy (3 septembre),　　　A la *Saint-Mansuy*,
　　Los loures au pays.　　　　　　　　Les veillées au pays.
(P. L. : Ortoncourt.)

S'il fait beau ou s'il pleut à la Saint-Mansuy,
Il fera beau ou il pleuvra pendant six semaines.
(Ancerviller.)

Tout fruit, à la mi-septembre,
Est bon à mettre en chambre.

Ai lai Saint-Michel (29 septembre),　　　A la *Saint-Michel*,
　　L'échie à p'motèïe.　　　　　　　　L'échelle au pommier.
(Allain, Allamps.)

È lè Saint-Michel,　　　　　　　　　　A la Saint-Michel,
Lè mouarode ast montaïe o ciel.　　　La marande (le goûter) est montée
　　　　　　　　　　　　　　　　　　　　　au ciel.
(P. L. : Lusse.)

Si t'vot bic scéïe,　　　　　　　　　Si tu veux bien moissonner,
N'doute-me de trou tôt soumé.　　　Ne crains pas de trop tôt semer.
(Crépey.)

Les semailles d'automne (pour le blé) commencent ordinairement du 20 au 22 septembre ; le temps le plus propice pour ces semailles est du 1er octobre au 10.

Ye fa bon soumer quand lai côrne don buë goutte.
Il fait bon semer quand la corne du bœuf goutte.
(Allain ; très répandu.)

S'il pleut à la *Saint-Denis* (9 octobre),
C'est pour quarante jours.   (Mercy-le-Haut.)

È lè Saint-Simon (28 octobre),　　　A la *Saint-Simon*,
Lè nage sus lo tuhon.　　　　　　　La neige sur le tison.
(P. L.: Saales.)

C'est en septembre et en octobre qu'a lieu la migration des oiseaux. C'est surtout lorsque le vent du Sud donne (la Vôge), que le temps menace de pluie, qu'on les voit arriver en nombre parfois considérable (¹).

(¹) C'est au moment de ces passages que les *tendeurs* prennent parfois, de ces petits oiseaux, des quantités considérables. J'ai vu un seul tendeur, en un jour, prendre jusqu'à 52 douzaines de ces pauvres *petites bêtes* avec 80 grives et merles. Les chasseurs aux alouettes, au filet de nuit, sont arrivés quelquefois à prendre aussi avec un seul filet et en une séance 50 douzaines de ces volatiles.
Les tendeurs aux petits oiseaux sont, chaque année, chez nous, au nombre de 20 ou 25 ; on en compte autant dans les 8 ou 10 villages environnants. Qu'on juge de la quantité de petits oiseaux détruits chaque année dans notre région !
Et nous sommes, instituteurs, chargés de protéger les nids, les couvées ! Notre mission est assez difficile à exercer ; il est surtout peu facile de faire comprendre qu'on doit conserver ces intéressants petits êtres devant de pareilles destructions.

Voici l'ordre et l'époque moyenne du passage des oiseaux émigrant vers les contrées méridionales :

Vers le 1er septembre, passage des *blancs pinsons*.

Du 15 au 30, départ des *hirondelles*.

Du 20 au 30, passage des *rouges-queues*, des *sinsenettes* ; à cette époque, les *cailles* ont disparu.

Vers le même temps, passage des *ramiers*, des *geais* et des *rouges-gorges*.

Du 1er au 5 octobre, arrivée des *grives* et des *alouettes*.

Du 15 au 30, passage des *oies sauvages*, des *grues*, des *cigognes*.

Viennent ensuite, après le 1er novembre, les *mésanges* à noires têtes, les *grives champenoises*, les *vanneaux*, les *pinsons d'Ardennes*.

Quand le temps est favorable, un certain nombre de ces oiseaux de passage s'arrêtent dans nos forêts, y stationnent, surtout quand ils y trouvent à manger.

Mois de novembre.

Lai Toussaint venue,	La Toussaint venue,
Quitte tai charrue.	Quitto ta charrue.

(Allain ; très répandu.)

Ai lai Toussaint,	A la Toussaint,
Que tourtous tos biés sinsses soumés,	Que tous tes blés soient semés
Et tourtous tos fruës rotrès.	Et tous tes fruits rentrés.

(Allain.)

Entre la Toussaint et Noël
Il ne peut trop pleuvoir ni venter.

E lè Saint-Maitii (11 novembre),	A la *Saint-Martin*,
L'hiver est en ch'mi.	L'hiver est en chemin.

(P. L. : Granvillers.)

Ai lai Saint-Mairtin,	A la Saint-Martin,
Bouche tos tounés et tâte te vin,	Bouche tes tonneaux et tâte le vin,
L'hiver ot o chèmin.	L'hiver est en chemin.

(Allain.)

Vers la Saint-Martin, arrive assez souvent une période de beaux jours, qu'il est d'usage de désigner sous le nom d'*été de la Saint-Martin*.

Si aipré lai Saint-Mairtin yo s'trouve ie p'tiot ver dos lai p'motte de chêne,
ç'ot signe d'abondanco;
Si ç'ot inc mouche, ç'ot signe de guerre ;
Si ç'ot une airignie, ç'ot signe de mortalitè.

Si, après la Saint-Martin, il so trouve un petit ver dans la pomme de chêne, c'est signe d'abondance;

Si c'est une mouche, c'est signe de guerre ;
Si c'est une araignée, c'est signe de mortalité.

(Allain.)

Si les chênes ont beaucoup de ces pommes,
C'est présage de grandes neiges avant Noël,
Et de froids cuisants après cette fête.

(Pays messin.)

Ai lai Ste-Catherine (25 novembre),	A la *Sainte-Catherine*,
Tout bos prend raicine.	Tout bois prend racine.

(Allain.)

C'est une allusion au temps favorable pour la transplantation des arbres.

Sainte-Catherine	Sainte-Catherine
Rémouène lè vouètine,	Ramène les frimas,
Saint-Nicolas (6 décembre)	*Saint-Nicolas*
Lè rèmouène tot è fât.	Les ramène tout à fait.

(P. L. : Ortoncourt.)

A la *Saint-André* (30 novembre) la nuit
L'emporte sur le jour qui fuit.

TROISIÈME PARTIE

TABLEAUX COMPLÉMENTAIRES

I.

ÉPOQUE DES VENDANGES

avec quelques appréciations sommaires sur l'importance de la récolte et la qualité du vin.

En 1881, à la demande du *Bureau central,* la commission de météorologie de Meurthe-et-Moselle s'occupait de rechercher l'époque des vendanges dans le département.

Cette époque, sauf dans les années où des gelées précoces en septembre ou au commencement d'octobre viennent hâter la récolte, « a la réputation d'être une donnée qui définit implicitement la qualité du vin ». C'est en quelque sorte la résultante de la température de l'été et de la première partie de l'automne.

Jusqu'à présent, les renseignements à ce sujet se sont bornés à des dates sur les vendanges du xixᵉ siècle. J'ai cru utile de donner ici un tableau plus complet, aussi étendu qu'il m'a été possible, avec quelques appréciations sur la récolte au double point de vue de la qualité et de la quantité

ANNÉES ET DATE des vendanges.	LIEUX ET OBSERVATIONS SUR LA RÉCOLTE.
	Barrois.
1352.	Bonnes vendanges (¹).
1353.	Bonnes vendanges.
1369.	Pas de vendanges.
1370.	Pas de vendanges.
1371.	Pas de vendanges.
1391, fin septembre.	C'est-à-dire commencement d'octobre à cause du retard du calendrier.
1396, fin septembre.	C'est-à-dire commencement d'octobre à cause du retard du calendrier.
1400.	On descend le vin dans les caves vers le 1er octobre (9 octobre).
1406.	Les pressoirs rapportent peu au duc de Bar.
1407.	Récolte nulle.
1420.	On buvait déjà du vin nouveau le 22 juillet: *excellent vin*.
1423.	Récolte médiocre.
1431	Vin en quantité et en qualité.
1432.	Vin excellent, récolte abondante.
1442, 30 août. . . .	(7 septembre) année de grande sécheresse.
1443.	(à la Toussaint), petite qualité.
	Metz.
1450, 2 octobre. . .	(11 octobre.)
1451, 10 octobre . .	(19 octobre.)
1458.	Raisins bien mûrs, « vins moult bons ».
1466.	Excellente qualité, petite quantité.
1467.	Mauvais vin dit des *Chapperons*.
1468, 29 septembre.	(8 octobre.)
1472.	Vendange très abondante.
1473, août.	*La récolte était terminée pour le 1er septembre (le 9 septembre)*.
1477.	Gelée à la Saint-Michel, vin bon pour les « gloutons ».
1478.	Récolte assez bonne, vin passable (J. H.) (²).
1480, novembre . .	Vendange vers la Saint-Martin (11-19 novembre); vins fiers.
1481.	Quantité, mais mauvaise qualité.
1482.	Les intempéries de septembre ne favorisèrent pas la maturité.
1483.	Deux vendanges, la seconde après la Saint-Remy (1-9 octobre).
1485.	Pauvre vendange comme quantité (J. H.).
1487.	Belle vendange (J. H.).
1488.	Pas de vin ; deux ou trois journaux pour un *tendelin*.
1489.	Vendange bien petite.
1490.	Bonne récolte, bon vin.
1492, septembre . .	Vendanges closes le 22 septembre (1er octobre) ; quantité et *qualité supérieures*.
1493.	*Vins complètement bons* (J. H.).

(¹) Les renseignements fournis ici proviennent du *Journal météorologique* de M. P. Guyot; ce qui sera puisé à d'autres sources fera l'objet d'un renvoi, ou d'une indication spéciale.

(²) Voy. M. Michelant : *Chroniques de Jacomin Husson de Metz*.

ANNÉES ET DATE des vendanges.	LIEUX ET OBSERVATIONS SUR LA RÉCOLTE.
1494.	*Raisins bien mûrs* (J. H.).
1495.	Beaucoup de vin de qualité supérieure (J. H.).
1496, 2 octobre. . .	(11 octobre.)
1498.	Vins convenablement bons (J. H.).
1499, 23 septembre.	(2 octobre.)
1500, 15 septembre.	(24 septembre), demi-année, excellente qualité.
1503.	Vins complètement bons (J. H.).
1505.	Qualité et quantité (J. H.).
1506.	Récolte pendant l'été de la Saint-Martin ; petite quantité.
1507.	Peu de vin, mais assez bon.
1509.	Vendange assez bonne.
1510.	Vendange moins bonne que la précédente (J. H.).
1511.	Peu de vin et bien mauvais (J. H.).
1512.	Peu de vin, mais merveilleusement bon (J. H.).
1513.	Vendange à souhait ; qualité qu'on n'avait encore guère vue (J. H.).
1514.	Vin abondant, mais de qualité médiocre.
1515.	Bon vin ; printemps pluvieux mais automne superbe (J. H.).
1516, comm. de sep.	Année de grandes chaleurs, *vins bien bons* (J. H.).
1538.	Le pot de vin ne valait qu'un denier.
1540, août	*Raisins si noirs, vins si rudes* qu'on n'en pouvait boire.
1559, juillet (?).	
1583.	Vendange si abondante qu'on manquait de tonneaux.
1594.	Vignes fortement gelées le 22 mai, petite récolte.
1599.	Vin en quantité et de *haute qualité*.
1602.	Année sans vin.
1603.	Vin de *très bonne qualité ;* on vendange deux fois.
1604.	Bonne qualité et quantité.
1609.	Vin en abondance et de bonne qualité dans le Barrois.
1613.	Disette de vin.
1614.	Vendange médiocre, vin plat.
1615.	*Vin très bon,* mais vignes gelées en mai.
1616.	Bon vin, demi-récolte.
1617.	Récolte abondante, mais de médiocre qualité.

Malzéville.

1618, 15 octobre . .	Demi-année, bon vin.
1619, 8 octobre.	
1620.	Peu de vin, mais *très bon*.
1622, 5 octobre. . .	*Vin exquis,* coté à l'égal des bons vins étrangers.
1623.	Bon vin, année de sécheresse.
1624, 17 septembre .	Abondance, *très bonne qualité :* le 14 juin, on vendait déjà du verjus.
1625, 8 octobre. . .	Vendange médiocre, année froide, gelée blanche en juillet.
1626.	Petite vendange, vin bon.
1627, 25 octobre. .	Vins très fiers, raisins peu mêlés à la Saint-Remy.
1628, fin octobre. .	Mauvais vin, récolte tout à fait médiocre.

ANNÉES ET DATE des vendanges.	LIEUX ET OBSERVATIONS SUR LA RÉCOLTE.
1629, 26 septembre.	Abondance, *vin aussi bon qu'on pouvait le souhaiter.*
1630, 8 octobre. . .	*Vin très bon,* récolte abondante.

Metz.

1631, 2 octobre. . .	Très bonne vendange.

Malzéville.

1632.	Presque pas de vendange.
1633.	Vendange très médiocre.
1634.	Vendange bonne comme qualité et quantité.
1635.	Vins mauvais et fiers.
1636, août.	*Vin d'excellente qualité.*
1637.	Vendange productive, *vin très bon.*
1638.	Vin bon.
1640, 11 octobre . .	Petite vendange.
1641, 16 octobre . .	Vin plat.
1642.	Raisins encore aux ceps au commencement de 1643 ; on vendangeait encore le 3 février.
1643, 16 octobre . .	Vin plat.
1644, 28 septembre.	Petite vendange, *qualité supérieure.*
1645, 22 septembre.	Les années 1645 et 1615 se ressemblent : *vin très bon.*

Metz.

1646.	Bon vin.
1647.	Bonne vendange.
1648.	Raisins pas mûrs, mauvais vin.

Malzéville.

1649, 10 octobre . .	Vin fier.

Metz.

1650.	Récolte manquée.
1651.	Vin *d'excellente qualité.*
1652.	Bonne vendange, raisins déjà mûrs au 1er septembre.
1655.	Petite récolte, mais bon vin.
1656.	Récolte abondante, vin bon.
1660.	Petite vendange, qualité moyenne.
1661.	Bonne vendange comme qualité et quantité.
1662.	Vendange médiocre, mais vin de bonne qualité.

Malzéville.

1663, 22 octobre . .	Récolte très médiocre.

Metz.

1664.	Bonne récolte.
1665.	Bonne récolte.
1666.	*Vin de qualité supérieure,* raisins séchés et rôtis.
1667.	Bonne vendange.

Malzéville.

1668, 9 octobre. . .	Récolte satisfaisante comme qualité et quantité.
1669, 23 septembre.	*Vin excellent.*
1670.	Mauvais vin.

ANNÉES ET DATE des vendanges.	LIEUX ET OBSERVATIONS SUR LA RÉCOLTE.
1671, 8 octobre. . .	Vin bon.
1672, 18 octobre . .	Récolte abondante.
1673, 20 octobre.	
1674, 22 octobre . .	Petite vendange.
1675, 27 octobre.	
1676, 21 septembre.	
1677, 17 octobre.	
1678, 28 septembre.	*Très bon vin.*
1681.	Vins très verts.
1699.	*Vins très bons*, bonne année.
1700.	Qualité médiocre.
1701.	Récolte abondante.
1704.	Récolte tout à fait manquée.
1707.	Récolte abondante.

Blénod-lès-Toul.

1708.	Gelée très forte le 7 mai, pas de vendange.
1709.	Point de vendange, conséquence du gros hiver ([1]).
1710.	Point de vendange, conséquence du gros hiver.
1711.	Bonne année.
1712.	Bon vin, bonne année.
1714.	Bon vin, petite quantité.
1715.	Année médiocre.
1716.	Peu de vin, médiocre qualité.
1717.	Vendange abondante, vin de *qualité supérieure*.

Bar.

1718, 21 septembre.	Le 7 septembre à Mirecourt ; vin de *qualité supérieure, longtemps en renom.*

Blénod-lès-Toul.

1719, 12 septembre.	Récolte abondante, de *qualité supérieure.*
1720.	On ne savait plus où loger la récolte.
1721.	Peu de vin.
1722.	Vin médiocre.
1723.	Raisins endommagés par les guêpes, très bon vin.
1725, 20 octobre . .	Mauvais vin, année humide.
1726.	Bon vin, année de sécheresse.
1727.	Vendange abondante, de bonne qualité.
1731.	Un tiers d'année.
1733, août (?). . . .	*Vin excellent.*
1736.	Année stérile ; gelée qui fit beaucoup de tort.
1739.	Récolte abondante.
1740.	Vin très mauvais, surnommé *le racabit, le criquet.*

([1]) Parmi les appréciations suivantes, les unes sont extraites de la *Notice sur Blénod-lès-Toul* par l'abbé Guillaume ; les autres, du *Journal météorologique* de M. P. Guyot.

ANNÉES ET DATE des vendanges.	LIEUX ET OBSERVATIONS SUR LA RÉCOLTE.
1741.	Même qualité que l'année précédente.
1743.	Année abondante, *vin d'excellente qualité.*
1744.	Année abondante, *vin d'excellente qualité.*
1748.	Petit vin.
1749.	Bon vin.
1750.	Bon vin.
1751.	Mauvaise récolte comme qualité ; le moût ne pouvait fermenter.

Toul (¹).

1752, 15 octobre . .	Récolte abondante.
1753, 6 octobre. . .	En quelques lieux, le 29 et le 30 septembre ; vin qualifié *bon pour la bouche des empereurs et des rois.*
1754, 16 octobre.	
1755, 8 octobre.	
1756, 23 octobre . .	Petit vin.
1757, 3 octobre. . .	Vendange de petit rapport à cause de la grande sécheresse.
1758, 7 octobre.	
1759, 6 octobre. . .	*Très bon vin.*
1760, 4 octobre. . .	Année très abondante ; en certains endroits, vendange fin septembre.
1761, 5 octobre. . .	Année très abondante ; dans la Meuse, vendange fin septembre.
1762, 3 octobre. . .	Année très abondante ; près de Nancy vers le 27 septembre.
1763, 17 octobre . .	Mauvais vin appelé *criquet.*
1764, 3 octobre. . .	Ailleurs on vendange le 1er octobre.
1765, 16 octobre . .	Près de Nancy, vendange le 10 et le 11 octobre.
1766, 13 octobre . .	Près de Nancy, vendange au commencement d'octobre.
1767.	*Très bon vin.*
1768, 18 octobre . .	Vin médiocre.
1769, 14 octobre . .	Assez bon.
1770, 20 octobre . .	Passable, récolte des plus médiocres à Bulligny.
1771, 8 octobre. . .	Assez bonne ; vendange très mauvaise comme quantité.
1772, 13 octobre . .	Près de Nancy, vendange le 5 octobre ; moyenne qualité.
1773, 14 octobre . .	Bon vin, très petite vendange.
1774, 8 octobre. . .	Bon vin ; dans la Meuse, vendange fin de septembre.
1775, 10 octobre . .	Bonne demi-année comme quantité.
1776, 16 octobre . .	Demi-année.
1777, 18 octobre . .	Quart d'année ; petite qualité.
1778, 9 octobre. . .	Quart d'année ; petite qualité.
1779, 7 octobre. . .	25 septembre, à Pont-à-Mousson ; trois quarts d'année.
1780.	Demi-année.
1781, 26 septembre.	Année de sécheresse, *très bon vin ;* pleine année.
1782, 19 octobre . .	Très bonne récolte comme quantité ; qualité médiocre.

(¹) Voy. *Archives de Toul* pour toutes les dates de vendanges jusqu'à 1884. Les autres dates de vendanges, dans la colonne d'observations, viennent du *Journal météorologique* de M. P. Guyot. Les appréciations sur l'importance des vendanges de 1770 à 1787, viennent des *archives* du château de *Tumejus* (Bulligny).

ANNÉES ET DATE des vendanges.	LIEUX ET OBSERVATIONS SUR LA RÉCOLTE.
1783, 4 octobre. . .	29 septembre à Bulligny ; trois quarts d'année.
1784, 6 octobre. . .	Bonne demi-année comme quantité.
1785, 18 octobre . .	Trois quarts d'année.
1786, 14 octobre . .	Un quart d'année.
1787, 22 octobre.	
1788, 19 septembre.	
1789, 20 octobre.	
1793, 7 octobre.	
1794, 30 septembre.	
1795, 13 octobre.	
1796, 15 octobre.	
1797, 7 octobre.	
1798, 30 septembre.	
1799, 26 octobre.	
1800, 5 octobre.	
1801, 13 octobre.	
1802, 28 septembre.	Petite quantité, mais *qualité supérieure*; dénommé le *tuum* (*tue-homme*).
1803, 5 octobre. . .	
1804, 5 octobre. . .	Pleine année, excellente qualité ; à Dolcourt un arc fit 3^{bl},33.
1805. 22 octobre . .	Vin médiocre.
1806, 6 octobre. . .	Vin remarquable de qualité.
1807, 8 octobre. . .	Bon vin.
1808, 3 octobre. . .	Mauvaise qualité.
1809, 14 octobre . .	Vin détestable.
1810, 20 octobre . .	Vin médiocre
1811, 19 septembre.	*Vin dit de la Comète, qualité exceptionnelle.*
1812, 17 octobre . .	Mauvais vin, à cause du mauvais temps [1].
1813, 23 octobre . .	Mauvais vin, à cause des pluies continuelles.

Foug.

1814, 12 octobre . .	Mauvais vin, gelée générale qui fait avancer la vendange.

Toul.

1815, 11 octobre . .	Vin médiocre.
1816, 25 octobre . .	Vin détestable, forte gelée le 24 octobre.
1817, 22 octobre . .	Vin de mauvaise qualité.
1818, 3 octobre.	
1819, 11 octobre . .	Très bon vin.
1820, 16 octobre . .	Mauvais vin.
1821, 19 octobre . .	Mauvais vin.
1822, 9 septembre .	*Qualité supérieure*, mais petite récolte à Foug.

[1] Pour les appréciations qui suivent, voir d'abord : 1° *Observations météorologiques de la Commission météorologique* de Meurthe-et-Moselle, année 1881 (les appréciations dans ce cas viennent de Foug) ; 2° *la Vallée de Cleurie*, par X. Thiriat, de Gérardmer.

ANNÉES ET DATE des vendanges.	LIEUX ET OBSERVATIONS SUR LA RÉCOLTE.
1823, 20 octobre . .	Mauvais vin.
1824, 19 octobre . .	Mauvaise qualité; gelée le 14 et le 15 octobre.
1825, 4 octobre. . .	Vin de *très bonne qualité*, valant mieux que celui de 1819.
1826, 9 octobre. . .	Gelées au printemps, récolte médiocre.
1827, 6 octobre. . .	Pleine année, bonne qualité.
1828, 20 octobre . .	Pleine année, médiocre qualité.
1829, 21 octobre . .	Mauvais vin ; on laisse les trois quarts de la récolte dans les vignes.
1830, 11 octobre . .	Petite récolte.
1831, 11 octobre . .	Le fruit dépérit par suite de pourriture.
1832, 25 octobre . .	Peu de vin et mauvais.
1833, 5 octobre. . .	Récolte abondante, mais de peu de qualité.
1834, 1 octobre. . .	*Qualité supérieure* et abondance exceptionnelle.
1835, 18 octobre . .	Récolte moyenne, vin très bon.
1836, 17 octobre . .	Le raisin dépérit par suite de pourriture.
1837, 19 octobre . .	Mauvais vin.
1838, 17 octobre . .	Vin de qualité médiocre, mais récolte abondante.
1839, 9 octobre. . .	Vin passable ; raisins pourris.
1840, 8 octobre. . .	Bonne moyenne année, vin assez bon.
1841, 8 octobre. . .	Vin mauvais.
1842, 27 septembre.	*Très bon vin*, moyenne récolte.
1843, 19 octobre . .	Mauvais vin, la gelée presse la récolte.
1844, 7 octobre. . .	Assez bon vin ; petite récolte en certains endroits.
1845, 4 octobre. . .	Mauvais vin, récolte médiocre.
1846, 28 septembre.	*Vin de qualité supérieure*, petite récolte.
1847, 11 octobre . .	Vendange très abondante, mais médiocre qualité.
1848, 12 octobre . .	Vin de bonne qualité, vendange abondante hâtée par la pourriture.
1849, 11 octobre . .	Bonne qualité.
1850, 17 octobre . .	Vin ordinaire, récolte hâtée par la gelée du 4 octobre.
1851, 20 octobre . .	Vin détestable, petite récolte.
1852, 13 octobre . .	Mauvaise qualité, petite quantité.
1853, 7 octobre. . .	Mauvaise qualité, récolte hâtée par la gelée du 12 octobre.
1854, 11 octobre . .	Petite récolte ; la gelée du 24 septembre a tout compromis.
1855, 13 octobre . .	Petite récolte, qualité médiocre.
1856, 18 octobre . .	Peu de vin et mauvais.
1857, 5 octobre. . .	*Vin très bon*, récolte abondante.
1858, 30 septembre.	*Vin de bonne qualité* et en quantité.
1859, 3 octobre. . .	*Vin de bonne qualité* et en quantité.
1860, 18 octobre . .	Vin en quantité, fiéret, appelé *Garibaldi* ; la neige du 12, suivie de gelée, cause du dommage.
1861, 7 octobre. . .	Peu de vin, assez bon.
1862, 2 octobre. . .	Récolte moyenne, vin ordinaire, bonne qualité en certains vignobles.
1863, 12 octobre . .	Vin de qualité médiocre, en quantité.
1864, 11 octobre . .	Vin passable, petite récolte.
1865, 16 septembre.	*Vin excellent, très renommé* ; demi-récolte.

ANNÉES ET DATE des vendanges.	LIEUX ET OBSERVATIONS SUR LA RÉCOLTE.
1866, 11 octobre . .	Assez bonne récolte, moyenne qualité.
1867, 7 octobre. . .	Récolte perdue par suite des gelées des 24 et 25 mai.
1868, 16 septembre.	*Vin excellent,* abondant.
1869, 7 octobre. . .	Vin bon, petite récolte.
1870, 3 octobre. . .	Vin de bonne qualité, assez bonne récolte.
1871, 10 octobre . .	Vin bon, petite récolte.
1872, 10 octobre . .	Froids prématurés, les raisins pourrissent.
1873, 13 octobre . .	Forte gelée le 12, qui précipite la récolte.
1874, 5 octobre. . .	*Vin très bon,* bonne récolte.
1875, 8 octobre. . .	Grande quantité, peu de qualité.
1876, 16 octobre . .	Assez bonne qualité, octobre orageux.
1877, 1er octobre . .	Gelées le 23 et le 27 septembre qui diminuent la qualité et la quantité.
1878, 10 octobre . .	Bonne qualité, quantité.
1879, 20 octobre . .	Récolte détestable, suite d'un été pluvieux.
1880, 4 octobre. . .	Vin ordinaire, petite récolte.
1881, 6 octobre. . .	Vendange hâtée par la neige et la gelée du 5 octobre.
1882, 16 octobre . .	Petit vin, récolte moyenne.
1883, 10 octobre . .	Petit vin, récolte moyenne.
1884, 3 octobre. . .	*Très bon vin,* demi-récolte.

II.

QUELQUES HIVERS RIGOUREUX [1].

1407-1408, hiver surnommé *le Grand Hiver* qui dura soixante-six jours de forte gelée. La plupart des vignes et des arbres fruitiers furent détruits.

1434-1435, hiver rigoureux qui commence le 25 novembre (4 décembre) par quantité de neige ; la gelée dure trois mois trois jours. L'eau qui découle des linges mouillés placés devant le feu pour sécher, gèle en tombant ; les charrettes traversent la Moselle sur la glace, près de Metz. Depuis cent ans il n'avait fait si froid. Quantité d'oiseaux et de bêtes sauvages périrent (J. H.).

1436-1437, gelée très forte qui dure douze semaines, du 8 décembre au 12 février.

---

[1] Pour ne pas multiplier les citations de sources ou de noms des auteurs dans ces tableaux et les suivants, je me borne à renvoyer : 1o au *Journal météorologique* de M. P. Guyot ; 2o aux *Recherches sur la température* de M. H. Lepage ; 3o aux *Résumés d'observations météorologiques* de M. le docteur Simonin ; 4o aux *Observations météorologiques* de la Commission de Meurthe-et-Moselle ; 5o à la *Vallée de Cleurie,* par M. X. Thiriat, pour les Vosges et en particulier l'arrondissement de Remiremont.

1412-1443, fortes gelées, grandes neiges ; trois pieds d'épaisseur, ailleurs six pieds.

1446-1447, gelée du 18 octobre (27) au 3 mars (12).

1457-1458, hiver commencé le 12 (21 novembre) et qui dure jusqu'au 18 (27) février : quantité de neige ; les voitures traversent les rivières sur la glace.

1469-1470, « moult grand hiver et moult froid qui dura xix sepmaines, jusqu'à la première sepmaine de maye » (J. H.).

1480-1481, l'eau gela dans les puits, le vin dans les celliers; les arbres se fendirent dans les vergers; il fallut couper les vignes sur pied.

1490, année dite des *Grandes Neiges* (J. H.).

1500, en novembre, la Moselle avait deux pieds d'épaisseur de glace.

1510-1511, neiges en grande quantité, voyageurs dévorés par les loups.

1513-1514, douze semaines de gelées ; glace de cinq pieds d'épaisseur (J. H.).

1537, rude hiver, mentionné par une inscription lapidaire à Senones (Vosges).

1564-1565, hiver si rude que de mémoire d'homme on ne se souvenait d'avoir vu une saison si rigoureuse. Les arbres fruitiers, les noyers surtout, périrent; à Toul, on fut obligé de tailler les vignes jusqu'à la souche; quantité d'animaux sauvages périrent.

1570-1571, gelée très forte, du 1er décembre au 1er mars; vignes et arbres fruitiers gelés.

1607-1608, hiver cruel, surnommé *le Grand Hiver*, qui dura deux mois et pendant lesquels quantité de personnes et d'animaux périrent.

1617-1618, hiver qui dura de novembre à Pâques.

1637-1638, du 17 décembre à la fin de février, froids rigoureux, vignes abîmées.

1658, hiver caractérisé par de grandes neiges et des froids intenses.

1670, gelée extrèmement forte ; vignes gelées à peu près partout.

1685, gelée générale et très intense ; l'Océan est gelé à une lieue du rivage.

1686, gelée si rude que la Moselle fut prise presque jusqu'au fond.

1709, terrible hiver, dont le souvenir n'est pas encore effacé. Il commença le 5 janvier, au soir, et le lendemain à pareille heure, les rivières portaient; au bout de dix à douze jours, la glace avait plus de deux pieds et demi d'épaisseur ; blés perdus, arbres fruitiers presque tous gelés ; arbres des forêts se fendant avec grand fracas dans les bois; vigne maltraitée d'une façon inouïe. On trouva sur le sol de la cathédrale de Metz plus de deux cents chauves-souris péries. Le froid dura six semaines, même deux mois. Les horloges ne marchaient plus et quantité de personnes furent gelées sur les routes, de cerfs et de sangliers dans les forêts, de pigeons dans les colombiers.

1716, neige telle que de mémoire d'homme on n'en avait tant vu; glace de quatre à cinq pieds d'épaisseur dans les étangs où l'eau surpassait cette profondeur.

1730-1731, froid intense qui fait périr les perdrix et les chevreuils. Une *déclaration* du duc de Lorraine suspend la chasse au chevreuil pendant deux ans, et à la perdrix pendant trois ans, à la suite de cet hiver.

1739-1740, en janvier, le froid fut à Lunéville de 4° plus vif qu'en 1709. Les arbres des bosquets éclataient avec fracas; la glace de la Moselle avait vingt-sept pouces. Pendant ce froid si rude en Lorraine, Paris ne subissait que — 10° Réaumur; déjà en 1709, on avait remarqué que la Seine, entre les ponts, n'était point prise.

1741, vignes gelées en Lorraine et en Barrois.

1751, quantité de neige.

1766, glace de huit à douze pouces d'épaisseur.

1767, froids intenses en janvier; quantité de neige; glace si épaisse sur les rivières qu'il ne coulait presque plus d'eau dessous.

1776, hiver rigoureux, surtout du 20 janvier au 1er février, — 22°5. Point de lieu à l'abri de la gelée; les seaux gelaient auprès du feu.

1783, hiver très rigoureux.

1784-1785, froids très rigoureux; vers le 4 janvier, —22° cent.; neige en si grande quantité dans les Vosges que des maisons furent entièrement ensevelies.

1788-1789, hiver qui débute au 20 novembre et donne cinquante jours de gelée intense en Lorraine. A Neuf-Brisach, on constate — 24°5 Réaumur, et à Bâle jusqu'à — 37°. Des oiseaux des régions polaires, des *ortolans du Spitzberg* descendent à Metz au nombre de vingt-quatre. Dans la débâcle, des glaçons de la Moselle avaient, quelques-uns, jusqu'à vingt-six pouces d'épaisseur.

Deux enfants, dans la rue des Artisans, à Nancy, furent trouvés morts de froid.

1795, hiver qui dure quarante-deux jours avec des froids qui donnent — 23°.

1798-1799, froids très rigoureux; — 24°37 à Épinal.

1812-1813, hiver prématuré et rigoureux dès la fin de l'automne, qui causa, en Russie, les désastres de la *Grande Armée*.

1827, hiver présentant une période très rigoureuse, car on constate 25° cent. de froid.

1829-1830, hiver l'un des plus rigoureux du siècle appelé le *Froid*

Hiver. Il commença dès le 3 décembre et dura soixante-huit jours consécutifs; on l'a comparé aux hivers tristement célèbres de 1783, de 1739-1740 et de 1709. On entendait les arbres éclater dans les forêts et la terre était gelée à un mètre de profondeur, dans *les lieux couverts de neige*, et à 1 mètre et demi *dans les lieux non abrités*. La Moselle et la Moselotte, dans les Vosges, étaient partout prises et en certains endroits la glace avait jusqu'à un mètre et demi d'épaisseur. On constate, à Épinal, — 26° centigrades le 3 février.

1838, hiver rigoureux.

1845, hiver rigoureux; grande quantité de neige.

1853, grande quantité de neige en février ; deux mètres d'épaisseur en plaine dans les Vosges.

1870-1871, hiver rigoureux en décembre; — 22° le 8 et le 9 décembre et jusqu'à — 26° à la station de Bellefontaine, dans la forêt de Haye. Nos armées en campagne souffrent de cette température rigoureuse.

1879-1880, hiver l'un des plus longs, des plus rigoureux du siècle, ayant offert des températures extraordinairement basses sur certains points du pays. Il débute, le 4 décembre, par un ouragan de neige ; celle-ci continue à tomber dans la nuit du 5 au 6. Dès le 7, un froid de — 19° se produit et le 10 on constate en moyenne — 24° en plaine par tout le pays, — 29° au mont *Saint-Michel*, près de Toul, — 30° à Bellefontaine dans la forêt de Haye et — 35° dans certaines parties des Vosges. Le 30 décembre, une tempête de dégel se produit ; mais au bout de quatre jours, le froid reprend, donne pendant un mois encore des températures nocturnes de — 12° à — 15°. Cette gelée fut meurtrière, désastreuse même pour quantité d'arbres fruitiers et forestiers, surtout pour ceux qui se trouvaient dans des vallées profondes, resserrées.

III.

QUELQUES ÉTÉS HUMIDES ET FROIDS.

1481, au 8 juillet (17), on ne voyait encore aucun raisin dans les vignes.

1484, récoltes en blés pourris dans les champs.

1487, blés germés sur pied.

1506, on vendangea pendant l'été de la Saint-Martin.

1511, dans tout l'été, pas une belle semaine ; les raisins ne purent mûrir.

1565, année humide et froide qui fit périr un grand nombre de personnes.

1601, « en ceste dicte année et pendant les fenaisons et moissons, il y eust une pluye continuelle que les foins furent partye pourris sur terre, partye noyés et emmenés par débordement des eaux, et les froments germinés, tant ceux qui estoient droits et en espics que les couppés et mis en terre, qui causa une cherté grande au vieil blé. » (*Journal de la Soc. d'Arch. lorr.*, 1869.)

1642, jamais on n'avait vu une année si humide ; il *gela à glace* pendant les jours caniculaires.

1648, fenaison retardée jusqu'au 15 août.

1658, pluies presque continuelles ; les froments et les raisins entraient seulement en fleurs le 4 juillet.

1725, pluies continuelles de mai à septembre ; les grains germèrent sur pied et furent entièrement pourris à la campagne (le Promptuaire). Des sources nouvelles se produisent à Lay-Saint-Christophe. L'année suivante, même calamité ; le blé ne put être converti en pain ni employé comme semence, on fut obligé d'en faire venir de l'étranger.

1740, les moissons commencèrent fin d'août et ne furent terminées que vers le 1er octobre.

1769, à Verdun, les eaux croupissent dans les prés pendant dix mois.

1816, année dite *la Mauvaise année*, si calamiteuse que, de mémoire d'homme, on ne se souvenait d'en avoir vu de pareille. L'été fut excessivement pluvieux et la fenaison ne se fit que dans la seconde moitié de juillet. Pas de chaleur pour mûrir les blés ; du 21 au 26 août, brouillards et gelées blanches. La moisson, qui avait été précédée, pendant la belle saison, de quatre-vingt-dix jours de pluie sur cent quinze journées d'été, commença vers le 29 août, quand le 2 septembre arriva une giboulée de grésil et de neige. « Le lendemain, un spectacle, digne d'inspirer une éternelle pitié, plonge la population dans la stupeur et la consternation : une couche de neige couvrait les blés couchés depuis plusieurs semaines et ensevelis sous les herbes ! et ce grain représentait la subsistance de toute l'année, et le blé vieux, devenu rare, se vendait 80 fr. l'hectolitre..... » L'année suivante, le blé vieux se vendit 120 à 125 fr. le resal. Quantité de personnes moururen de faim..., on se nourrissait de pain d'orge et d'avoine, d'herbes, d'écorces..... Le pain bis se vendit jusqu'à 2 fr. 50 c. le kilogramme....

1823 et 1824, étés humides, ciel presque toujours couvert.

Les années les plus pluvieuses qui viennent ensuite sont :

1828, avec cent quatre-vingt-douze jours de pluie et de neige ;

1841, avec cent quatre-vingt-dix-sept jours de pluie et trente jours de neige.

1845, avec cent quatre-vingt-quatorze jours de pluie et trente-neuf jours de neige ; la récolte de blé manque et amène la disette de 1846, où le blé monte à 60 fr. les 120 litres.

1850 à 1857, période signalée dans les vignobles du Toulois sous le nom des *sept vaches maigres*.

1854, été très pluvieux ; cent jours de pluie, du 1ᵉʳ avril au 10 octobre : disette, pain cher.

1856, pluies d'été très fortes, surtout en mai et juin ; débordement de la Loire, de la Saône et du Rhône.

1860, du 1ᵉʳ avril au 1ᵉʳ octobre, quatre-vingt-dix jours de pluie ; été peu chaud ; moisson des céréales très tardive ; beaucoup d'avoines surprises sur pied par la neige du 12 octobre ; des champs assez nombreux ne furent pas récoltés.

IV.

QUELQUES ANNÉES REMARQUABLES DE CHALEUR.

1358, chaleur si grande que les raisins sèchent dans les vignes.

1420, le 10 avril (19), fraises mûres ; le 30 avril (9 mai), cerises vendues à la livre ; le 1ᵉʳ mai (10), pois et fèves vendus en cosses ; le 6 (15), pain de seigle vendu ; le 10 (19), des raisins mûrs ; le 22 juillet (31), on but du vin nouveau.

1442, été très sec, vendange le 30 août (7 septembre).

1458, il ne plut presque pas du mois d'avril à la mi-octobre.

1473, chaleur si grande que personne ne se souvenait de l'avoir vue si forte.

1476, chaleur si intense qu'on ne pouvait durer.

1483, on fit deux vendanges, la seconde après la Saint-Remy.

1493, sécheresse telle que la Moselle à Metz n'était plus qu'un ruisseau.

1540, dite *la Chaude année*.

1623, été si chaud pendant cinq semaines, que de mémoire d'homme on n'avait vu semblable chaleur.

1666, chaleurs si grandes, de la mi-juillet à la mi-août, que les raisins furent séchés et tout rôtis.

1717, année extrêmement chaude.

1719, été si chaud que la terre desséchée était comme de la cendre, les grains brûlent sur pied, le vent dessèche tout.

1723, sécheresse extraordinaire qui dura trois mois, et dessécha, brûla les prairies ; disette de fourrage.

1748, année chaude et presque sans pluie.

1757, sécheresse extrême en juillet, qui crevasse profondément la terre, fait tomber les feuilles des arbres comme en automne, dessèche les raisins et ruine la vendange.

1759, chaleur extrême.

1761, sécheresse extrême, le gazon des prés tout brûlé, les fontaines presque taries.

1765, en cette année on relève la cote + 40° de chaleur.

1767, les 25 juin, 20 juillet, 9, 10, 14 août, le thermomètre marque jusqu'à + 39° de chaleur. Ce fut sans doute l'une des plus chaudes années du siècle, car mai et septembre aussi furent chauds.

1773, on relève + 39° de chaleur et en 1778, + 37°.

1783, les chaleurs surpassent tout ce qu'on avait remarqué de mémoire d'homme.

1785, sécheresse extraordinaire, le foin se vendit 100 livres le mille (livres), on prétend même qu'il en fut vendu 140 livres.

1811, été et automne très chauds.

1822, printemps et été constamment favorables à la végétation; chaleurs très fortes, entremêlées d'orages. Les souris pullulent en Alsace et en Lorraine, on leur donne la chasse et on en détruit des quantités prodigieuses.

1834, été et automne remarquables de chaleur.

1846, été très chaud et très sec; la chaleur a vidé les épis.

1857, 1858 et 1859, années remarquables par des printemps favorables et des étés beaux et chauds; en 1858, une comète remarquable de grandeur, rappelle celle de 1811 par un été chaud et du vin de très bonne qualité.

1865, l'été succède sans transition à un hiver rigoureux; c'est l'un des plus chauds du siècle.

1868, été très chaud.

1870, été d'une sécheresse extrême; peu de fourrage, les cinq quintaux de foin se vendent 80 fr., même jusqu'à 100 fr.; sol tout crevassé en certains endroits; + 34° le 15 juin.

1881, chaleurs très fortes.

1884, été remarquable de chaleur, car j'ai pu constater à Allain, dans le courant de juillet et d'août, huit fois + 32°, quatre fois + 33°, une fois + 34° et une fois + 35°. La sécheresse continue même en novembre.

Nota. — Des chaleurs extrêmes ne sont pas toujours l'indice d'un été chaud et sec. Dans la période 1841 à 1862, la chaleur en été n'arrive qu'une seule fois à + 32°; tandis que dans celle de 1862 à 1883, elle arrive trois fois à + 33°, trois fois à + 34°, trois fois à + 35°, et en certains lieux, à + 36°, + 38° et jusqu'à + 39°. C'est en 1881 et en 1882 que ces hautes températures se produisent à la suite du rigoureux hiver de 1879-1880; ce n'est pas, du reste, le seul exemple ou le seul rapprochement analogue que l'on pourrait faire entre des froids intenses et des chaleurs extrêmes.

V.

ÉPOQUE DE QUELQUES GELÉES PRINTANIÈRES EN MAI.

1430, plusieurs jours de gelée jusqu'au 18 mai (27 mai).

1431, gelée très forte le jour de Saint-Clément (2-11 mai).

1435, fortes gelées du 15 mai (24), jusqu'à la fin du mois.

1437, fortes gelées du 10 mai (19) au 25 (3 juin).

1443, gelée forte le 7 mai (16) ; il fait merveilleusement froid le reste du mois.

1457, le 10 mai (19), tempête de neige et de grêle suivie de gelée.

1488, le 13 mai (22), gelée forte.

1493, du 1er au 4 mai (10 au 13), vignobles de la Lorraine tout abîmés.

1502, le 13 mai (22), neige comme à Noël, gelée le 17 (26).

1517, le 25 avril (5 mai), gelée à glace, vignes perdues en Lorraine.

1594, vignes entièrement perdues, gelée le 22 mai.

1602, gelée si vive au printemps que l'année fut sans vin.

1615, fortes gelées le 5, le 11 et le 14 mai, vignes entièrement perdues.

1639, gelées très fortes le 26 et le 27 mai ; en juin, température froide comme à Noël.

1644, du 2 au 13 mai, neige d'un pied d'épaisseur, glace épaisse d'un doigt.

1652, le 14 et le 15 mai, vignes gelées et perdues; depuis 1648 les gelées qui se renouvellent chaque année à pareille époque font qu'on se croit obligé d'abandonner la culture de la vigne.

1659, cinq ou six jours de gelée au commencement de mai.

1660, gelées le 18 et le 19 mai.

1667, forte gelée le 16 mai.

1708, gelée le 7 mai, si forte qu'elle anéantit la récolte.

1749, gelées fortes le 23, le 24 et le 25 juin.

1761, gelée à glace le 30 avril, la glace a l'épaisseur d'un écu.

1775, le 20 mai, à Pont-à-Mousson, neige de l'épaisseur d'un demi-pied.

1803, gelées non interrompues du 16 au 20 mai.

1804, le 13 mai, vignes totalement gelées sur quantité de points.

1811, gelée forte au commencement de mai.

1814 et 1815, gelée désastreuse au printemps.

1826, très fortes gelées le 1er, le 3, le 5 et le 20 mai.

1854, gelée à — 5° le 25 avril, neige ensuite.

1855, gelées les 1er, 9, 16, 19 et 20 mai.

1856, neige et glace au commencement de mai.

1858, giboulée de neige les 6, 7 et 8 mai.

1861, neige les 4, 5 et 6 mai avec gelée à glace.

1864, trois ou quatre gelées à la fin de mai.

1866, neuf jours de gelée à glace en mai du 6 au 24, neige le 15.

1867, la période de froid arrive du 18 au 25 mai; neige le 24, gelée forte le 25.

1869, le mois de mai débute par des gelées qui jettent la consternation dans les vignobles.

1873, gelées les 5, 11 et 15 mai.

1874, période de refroidissement avec gelées le 16 et le 18 mai.

1875, gelées assez fortes les 27 et 28 mai.

1876, gelées assez fortes les 12, 13 et 14 mai.

1877, gelées assez fortes du 1er au 4 mai.

1879, neige de 0^m,15 d'épaisseur le 7 et le 8 mai, gelée le 12.

1880, gelées les 8, 10 et 20 mai.

1881, la période de refroidissement se produit du 10 au 14 mai.

1882, la période de refroidissement se produit du 12 au 18 mai.

1883, gelée le 21 mai.

VI.

QUELQUES AUTRES INONDATIONS GÉNÉRALES ET LOCALES EN LORRAINE.

1312, débordement de la Meuse à Verdun ; on va en bateau secourir les bourgeois de la ville basse.

1333, les cours d'eau de la Lorraine débordent ; quantité de ponts, de moulins et de maisons sont enlevés.

1421, du 4 au 13 décembre, l'eau entrait à Metz par-dessus les murs de la partie basse.

1446, les eaux causent de grands ravages dans les vallées des Vosges.

1595, au commencement de l'année, les eaux étaient si hautes qu'on établit un pont en planches pour pouvoir pénétrer de la nef au chœur de l'église des Dames chanoinesses.

1635, grande inondation à la débâcle des glaces qui s'accumulent, se rompent et entrent dans la ville de Metz.

1661, grands ravages causés par le débordement des rivières dans les Vosges; quantité de ponts et de moulins emportés du côté de Remiremont.

1710, inondation qui submerge toute la ville basse.

1736, en juillet, inondation très considérable qui fut à peu près générale en Europe. La ville neuve de Metz fut couverte d'un pied d'eau ; nombre de maisons voisines de la Moselle furent détruites, quantité d'animaux domestiques furent noyés ou emmenés.

1750, à Sierck, au moment de la fenaison, inondation si violente qu'en peu de temps, une rue tout entière et deux ponts furent emportés ; quatorze personnes furent noyées, cinq autres périrent aussi au village voisin de Montlock.

1754, le 7 juin, trombe d'eau épouvantable à Germiny et à Chaligny, où cinq enfants furent noyés.

1757, en janvier, débordements qui causèrent beaucoup de ravages sur l'Ornain, la Saulx ; à Saint-Avold, les eaux montèrent si haut qu'on ne les avait jamais vues telles depuis quarante ans.

1770, le 26 juillet, *déluge*, dit *de Sainte-Anne* ; inondation terrible dans la vallée de Cleurie, à la suite d'une sorte de trombe. Rien ne résista à la débâcle du ruisseau converti en un torrent qui emporta tous les ponts, les écluses et les maisons qui l'avoisinaient ; nombre de personnes périrent.

1776, le 25 avril, à Trémont (Meuse), village situé entre trois collines, une effroyable trombe amène une inondation telle que dix-sept maisons furent détruites et quatre-vingts autres plus ou moins gravement endommagées ; dix-sept personnes périrent ainsi que tout le bétail (chevaux, vaches, moutons), en tout cinq cent quarante-deux bêtes, moins le taureau qui, s'étant jeté dans une cuvelle, fut sauvé dans ce bateau improvisé.

1781, nouvelle crue dans la vallée de Sierck et de Montlock qui rappelle le désastre de 1750. Les eaux charrient des poutres énormes et des blocs de pierre de 16 pieds cubes.

1782, le 27 juin, orage effroyable à Épinal ; l'eau en certains endroits s'élève jusqu'à la hauteur des toitures des maisons ; murs détruits, bâtiments écroulés.

1784, inondation considérable, produite par la fonte des neiges épaisses de un pied six pouces et la débâcle des glaces. La Seille monte de quatre pieds au-dessus des plus hautes crues précédentes. Une partie de Vic est submergée et deux ponts sont emportés. La Moselle et la Meuse débordent aussi, mais celle-ci de dix-huit pouces de moins que lors du *déluge de Saint-Crépin* (1778).

1789, à Boulay, le 30 août, neuf pieds d'eau dans certaines maisons ; dommage estimé à 100,000 écus.

1801, le 30 et le 31 décembre, grand et terrible débordement de la Moselle.

1806, grande et terrible inondation à Saint-Dié, le 12 juillet, produite par des pluies torrentielles.

1811, crue qui, près de Nancy, au dire de la tradition, n'aurait été, dans la rue du Bord-de-l'Eau, où elle fut repérée, que de vingt-cinq centimètres inférieure à celle de 1778.

1824, l'une des plus fortes crues dont on ait gardé un souvenir exact aux environs de Nancy. Les eaux s'élevèrent, au pont de la Croix, de la route nationale n° 74, entre cette ville et Essey, à 197^m,425 d'altitude, autrement dit, à l'intrados de la clef de voûte de l'arche du milieu du pont.

1831, le 5 septembre, les eaux de la Meurthe arrivent à trente centimètres des petits pavés de la place de Rosières-aux-Salines.

1833, fortes inondations en décembre.

1834, le 28 octobre, les eaux, comme nous l'avons vu déjà, envahissent le rez-de-chaussée des maisons situées en dehors des portes Saint-Georges, Sainte-Catherine et Notre-Dame de Nancy.

1844, grand débordement au mois de février.

1856, le 31 mai, les eaux s'élèvent au-dessus de l'étiage, au pont de Malzéville, à 2^m,80.

1859, le 19 mai, forte crue; au pont de la Croix, les eaux s'élèvent à l'altitude 195^m,72, se tenant toutefois à 1^m,70 au-dessous de celles de 1824.

Les plus importantes crues de la Meurthe, aux environs de Nancy, sont ensuite celles de :

1860, le 27 décembre, où les eaux montent, au pont de Malzéville, à 3^m,20 au-dessus de l'étiage ;

1866, le 19 février, à 2^m,55 au-dessus de ce même étiage ;

1867, le 9 janvier, à 2^m,95   id.

1867, le 16 décembre, à 2^m,80   id.

1871, le 24 avril, à 2^m,98   id.

1872, le 26 mai, à 3^m,40   id.

1876, le 21 février, à 3^m,00   id.

1878, le 26 avril, à 3^m,29 ([1])   id.

1880, le 1er janvier, à 3^m,40 ([2])   id.

1880, le 23 octobre, à 2^m,84   id.

1880, le 26 décembre, à 2^m,90   id.

1882, le 28 décembre, à 3^m,25   id.

([1]) Cette crue a été, toutefois, supérieure à celle de 1872 sur tous les points, excepté au pont de Malzéville, ce qui s'explique par le travail d'abaissement du radier de ce pont et par les dragages en lit de rivière, à l'aval du même pont. Cette inondation a été importante du côté de Rozières et de Varangéville, où quantité de caves furent inondées aussi bien qu'à Nancy dans les faubourgs Saint-Georges et Sainte-Catherine. On dut courir au secours et procéder au sauvetage des habitants de la prairie de Tomblaine et de la cité de la Pépinière.

([2]) Cette crue n'a été, au pont de la Croix, inférieure à celle de 1821 que de 0^m,65.

TABLE DES MATIÈRES.

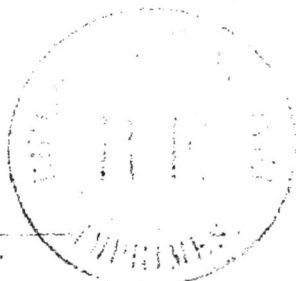

Nancy, impr. Berger-Levrault et Cie.

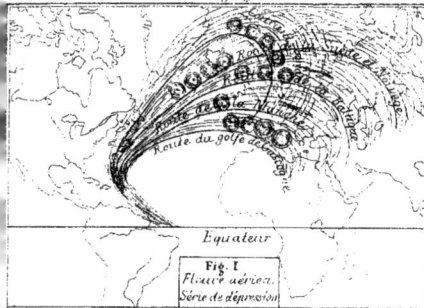

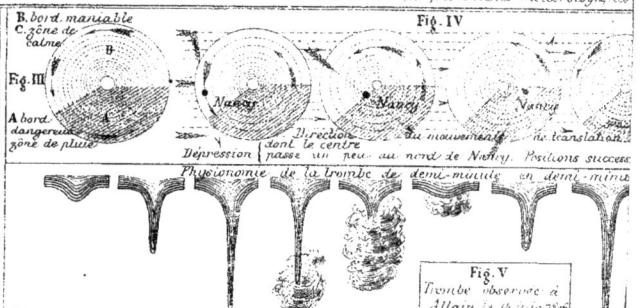

B. bord maniable
C. zône de calme

Fig. III

A bord dangereux zône de pluie

Fig. IV

Nancy — Nancy — Nancy

Direction du mouvement de translation
Dépression dont le centre passe un peu au nord de Nancy. Positions successives

Physionomie de la trombe de demi-minute en demi-minute

Équateur

Fig. I
Fleuve aérien.
Série de dépression

Fig. V
Trombe observée à
Allain le 14 juin 1876

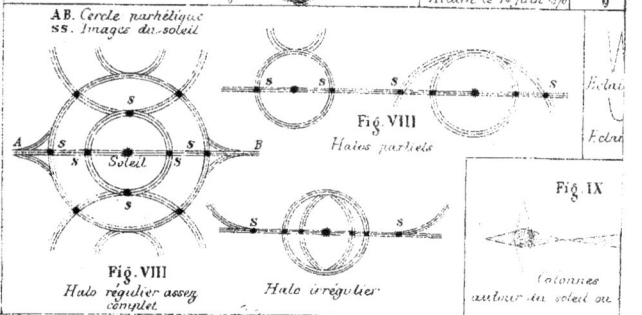

Mer de Sargasses.

AB. Cercle parhélique
ss. Images du soleil

A — S — B
Soleil

Fig. VIII
Halos parhélies

Fig. IX

Éclipse
Éclipse

Halo irrégulier

Colonnes autour du soleil

Équateur

Fig. II
Gulf-Stream

Fig. VIII
Halo régulier assez complet

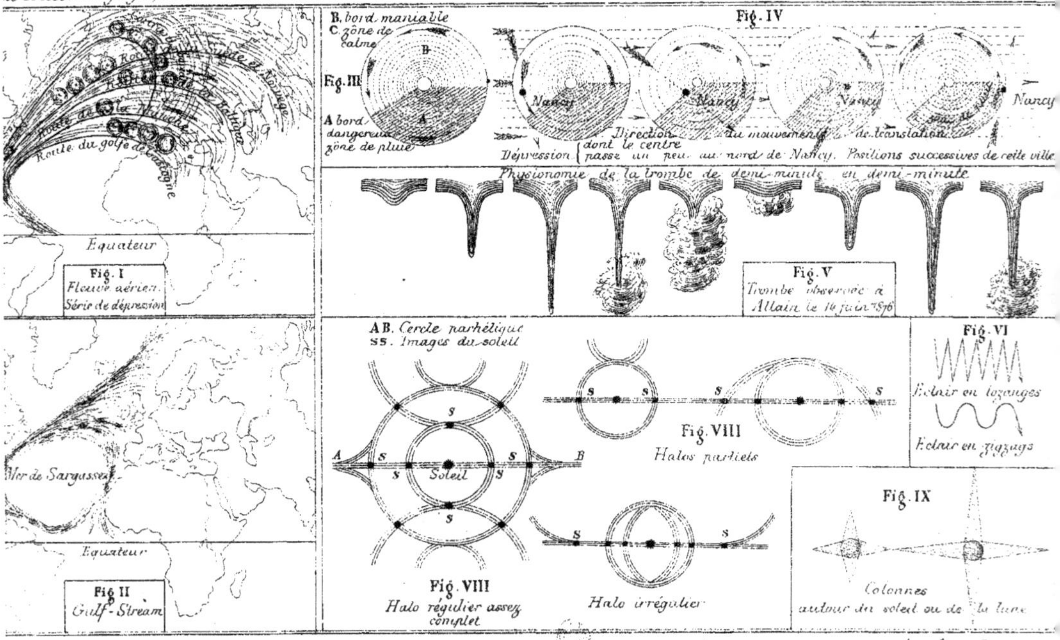

Route du golfe de ......

Equateur

Fig. I
Fleuve aérien.
Série de dépression.

Mer de Sargasses.

Equateur

Fig. II
Gulf-Stream

B. bord maniable
C. zône de calme

Fig. III

A bord dangereux
zône de pluie

Fig. IV

Nancy Nancy Nancy Nancy

Dépression dont le centre passe un peu au nord de Nancy. Positions successives de cette ville

Direction du mouvement de translation

Physionomie de la trombe de demi-minute en demi-minute.

Fig. V
Trombe observée à Allain le 14 juin 1876.

A B. Cercle parhélique
s s. Images du soleil

A Soleil B

Fig. VII
Halos partiels

Fig. VI
Eclair en losanges

Eclair en zigzags

Fig. VIII
Halo régulier assez complet

Halo irrégulier

Fig. IX
Colonnes autour du soleil ou de la lune

Aut. Albert Gardner.

www.ingramcontent.com/pod-product-compliance
Lightning Source LLC
Chambersburg PA
CBHW071503200326
41519CB00019B/5854